Welcher Hund passt zu mir?

Bärbel Kronz

Welcher Hund passt zu mir?

Der Ratgeber vor dem Hundekauf

CADMOS

Impressum

Gestaltung und Satz: Ravenstein und Partner, Verden
Lektorat: Maren Müller

Coverfoto: Tierfotoagentur.de/Leirich
Fotos im Innenteil: Neddens Tierfoto, sofern nicht anders angegeben

Druck: Westermann Druck, Zwickau

Deutsche Nationalbibliothek – CIP-Einheitsaufnahme
Die Deutsche Nationalbibliothek verzeichnet diese Publikation in der Deutschen Nationalbibliografie; detaillierte bibliografische Daten sind im Internet über http://dnb.ddb.de abrufbar.

Printed in Germany

ISBN: 978-3-8404-2503-5

Inhalt

Voraussetzungen für die Hundehaltung

Ihr Wunsch, mit einem Hund das Leben freudig zu teilen, wurde in letzter Zeit immer deutlicher. Begegneten Ihnen Hundehalter, fragten Sie interessiert nach der Rasse und erfuhren von den meisten viel mehr als das. Hundemenschen sprechen gern über ihre Vierbeiner, und Glück und Stolz strahlen ihnen dabei aus den Augen. Allerdings haben Sie bei diesen Gesprächen nicht unbedingt etwas über die Voraussetzungen erfahren, die diese Menschen geschaffen hatten, um zufrieden ihr Leben mit der gewählten Hunderasse genießen zu können.

Einige Überlegungen sind im Vorfeld notwendig. Passt ein Hund wirklich zu Ihnen, Ihrem Lebensstil und den wohnlichen Gegebenheiten? Mit nachfolgenden Aspekten möchte ich dazu beitragen, dass Sie Antworten auf diese Fragen finden, indem Sie mehr über die Ansprüche von Hunden im Allgemeinen und verschiedenen Rassen im Besonderen erfahren.

Hunde sind Hunde!

Die wichtigste Voraussetzung für die Hundehaltung ist und bleibt, das uns zunächst fremde Wesen Hund zu ergründen, seine Denkweise zu verstehen. Die Vermenschlichung ist in unserer Zeit der schlimmste Feind der Hunde. Es scheint für viele Halter bequemer, ihrem Hund menschliche Gedanken und Gefühle zu unterstellen, als über sein wölfisches Erbe nachzudenken. Gerade Halter von kleinen Hunden neigen manchmal dazu, ihren Liebling mit Liebe zu überschütten. Der bekannte Kynologe Eberhard Trumler nannte das „totpflegen“.

Ein Hund hat auch kein schlechtes Gewissen und er will uns nicht ärgern, wenn er die Tapete anfrisst. Hier liegen andere Gründe vor, die dem Halter klar sein sollten, damit er die richtige Reaktion zeigen kann.

Sie finden überaus interessante Lektüre über das Verhalten und Wesen der Hunde. Oder schauen Sie sich lieber DVDs an? Auch hier ist das Angebot groß und fesselnd. Eine neue Welt öffnet sich Ihnen und Sie sind mit dem gewonnenen Wissen in der Lage, Ihren Vierbeiner zu begreifen, seine Bedürfnisse zu erkennen und zu berücksichtigen.

Rudeltier Hund

Hunde sind hoch soziale Wesen. Ihr Rudelverständnis beruht auch heute noch auf dem Wolfserbe. In einem Wolfsrudel besteht eine feste Hierarchie mit eisernen Regeln, und niemand wird ausgegrenzt. Hunde erwarten in ihrem Mensch-Hund-Rudel genau diese Struktur: eine stabile Führung und ein darauf basierendes friedliches Zusammenleben. Die Betonung liegt auf „Zusammenleben“. Tag und Nacht, Jahr für Jahr gehört der Hund zu Ihnen. Deshalb ist es ungemein wichtig, dass alle Menschen im Haushalt mit einem Hund leben möchten – immer! Bei artgerechtem Umgang unter Berücksichtigung der hundlichen Verhaltensweisen wird sich ein Hund so umwelttauglich entwickeln, dass sich (vom Hund als Strafe empfundene) Isolationsmaßnahmen wie das „Wegsperren“ in einen Zwinger oder gar ins Gartenhäuschen oder Badezimmer, die zu meinem Bedauern nach wie vor Anwendung finden, erübrigen. Ich habe leider schon Hunde erleben müssen, die durch tägliche beziehungsweise nächtliche Isolation das Vertrauen zu ihren Menschen verloren haben.

Faktor Zeit

Mit einem Hund wird Ihr Leben völlig anders verlaufen als bisher. Zwei Stunden Spaziergang allein reichen dem Kumpel nicht aus. 22 Stunden tägliche Langeweile machen ihn seelisch krank. Wie viel Zeit steht Ihnen Tag für Tag zur Verfügung?

Hunde sind Rudeltiere und brauchen die Nähe zu ihrem Menschen.

Spaziergänge

Morgens, mittags und abends muss je eine halbe Stunde Spaziergang für erwachsene Hunde möglich sein. Das ist äußerstes Minimum! Einige Rassen benötigen weit mehr als die doppelte Auslaufzeit. Welpen dürfen in den ersten Monaten keine langen Strecken laufen, weil sich Knochen, Gelenke und Muskeln noch entwickeln müssen. Das bedeutet aber nicht, dass ein Welpe nur für ein paar Minuten rausdarf. Statt mehrere Kilometer zu bewältigen, sind für ihn Laufen und Spielen auf großen Wiesen außerhalb des Grundstücks gesünder. Hier kann er sich auch mal ausruhen, ohne darauf achten zu müssen, Sie nicht zu verlieren. Wohnen Sie in der Stadt, bietet der Stadtrand sicher Möglichkeiten für abwechslungsreiche Spaziergänge.

Nicht nur bei schönem Wetter müssen Hunde mehrmals täglich raus.

Hier finden sich meist Flächen, wo Hunde abgeleint werden dürfen und sich mit Artgenossen austoben können. Zu Hause wird Ihr Hund dann zufrieden ins Körbchen wandern, lebhaft träumen, und Sie können mit gutem Gewissen anderen Beschäftigungen nachgehen.

Nehmen Sie einen Hund zu sich, der zum Abhauen neigt, brauchen Sie eine Roll- oder Schleppleine von 8 bis 10 Metern Länge. Die kurzen 2 oder 3 Meter langen Leinen passen nicht zu seinem Bewegungsbedürfnis. Er müsste neben Ihnen herschleichen, auch dann, wenn Sie sich zügig bewegen. Menschen bewältigen nur einen Bruchteil der normalen Hundegeschwindigkeit. An der langen Leine kann der Hund umherwuseln, interessante Gerüche aufnehmen, und Zwei- und Vierbeiner erleben ohne Gezerre entspannende Spaziergänge.

Das Erlernen von Tricks ist eine tolle Beschäftigung für Hunde.

Bei fast jedem Wetter geht es also täglich ab nach draußen, Gewitter und Hagel einmal ausgeschlossen. Sind Sie bereit für lange Spaziergänge auch bei Wind und Regen, bei Eis und Schnee?

Beschäftigung

Haben Sie Zeit und Lust, Ihren Hund zusätzlich zu den Spaziergängen zu beschäftigen? Ein gelangweilter Hund sucht sich eigene „Arbeiten“, die Ihnen wenig gefallen werden.

Bringen Sie Ihrem Hund Tricks bei oder fordern Sie seinen Geist beim Spiel. Es gibt Bücher, die hierfür etliche Ideen bieten. Sie erhalten im Fachhandel auch knifflige Intelligenzspiele für Hunde.

Oder Sie widmen sich dem Hundesport. Bestimmt begeistert Sie die eine oder andere Sportart genauso wie Ihren Hund. Sie wachsen noch mehr zusammen und Ihr Hund wird Sie dafür verehren.

Berufstätigkeit und Hund

Damit Ihr Hund sein späteres Leben ohne Scheu und Angst bewältigt, muss ihm vor allem in den ersten zwei Lebensjahren eine Vielzahl von Lernerlebnissen geboten werden. Die Anforderungen sind groß. In seiner besonders sensiblen Phase, die etwa von der 8. bis zur 16. Lebenswoche dauert, treibt die Neugier den Welpen an, die Welt Stück für Stück zu erobern. Dabei wird Angst ab- und Sicherheit aufgebaut. Ihre Aufgabe ist es, ihn dabei umfassend zu unterstützen. Für diese zwei Monate müssen Sie Urlaub und wenn nötig einen Dogsitter einplanen. Ein Welpe verkraftet es psychisch nicht, jeden Tag über viele Stunden allein zu sein. Das gelegentliche Alleinsein wird allmählich in kleinen Schritten eingeübt.

Ab etwa der 17. Lebenswoche besitzt der Hund genug Selbstbewusstsein, die Stubenreinheit ist geschafft und der Grundgehorsam klappt schon gut. Bei Halbtagsjobs ist es nun möglich, ihn mit an den Arbeitsplatz zu nehmen, vorausgesetzt, der Chef und die berufliche Umgebung lassen es zu. Eine Runde vor Arbeitsbeginn lässt Sie und Ihren Hund erfrischt in den Alltag starten. In der Firma steht nah bei Ihnen ein bequemer Liegeplatz bereit. Mittags geht es gemeinsam heim und der Tag hält neben anfallenden Hausarbeiten noch genug Zeit für Spiele und Auslauf bereit.

Besteht keine Chance, den Hund an Ihren Arbeitsplatz mitzunehmen, bringen Sie ihn während Ihrer Abwesenheit bei Nachbarn oder Freunden unter.

Für ganztags Berufstätige lässt sich der Hundewunsch selten verwirklichen, selbst wenn die Mitnahme an den Arbeitsplatz möglich ist. Ihr temperamentvoller Junghund möchte seine Neugier jeden Tag aufs Neue befriedigen. Ein langer Arbeitstag bietet üblicherweise nicht den Spielraum für Training, Spiel und Spaziergänge. Im Normalfall wird seine Lebhaftigkeit unterdrückt und Verbote bestimmen einen Großteil seines Tages. Innere Konflikte setzen dem Hund mehr und mehr zu. Aber vielleicht können Sie mit Ihrem Chef ja doch ein Konzept aushandeln, in dem sich Ihre Tätigkeit mit Spielzeiten und Auslauf vereinbaren lässt? Oder Sie entscheiden sich für einen älteren Hund, der einfach gern und ruhig bei Ihnen liegt. Ein wenig Auslauf zwischendurch muss aber auch dann möglich sein.

Es hilft ganztags Berufstätigen nicht, den Hund tagsüber bei Freunden gut aufgehoben zu wissen. Eine Abend- und Wochenendbeziehung klappt mit Hunden nicht.

Kinder und Hunde

Der Hundewunsch muss unbedingt von den Erwachsenen ausgehen. Aufgaben wie Erziehung, Versorgung und Pflege liegen dann in geeigneten, sprich erwachsenen Händen. Aus Hundesicht sind Kinder wunderbare Partner zum Spielen, Toben und Kuscheln. Sie sind Kumpel, stehen auf etwa gleicher Stufe und dürfen keine Anweisungen erteilen. Hunde nehmen es übel, wenn Kinder Erziehungsübungen durchsetzen wollen, und

Kinder und Hunde können dicke Freunde werden, die Verantwortung liegt jedoch immer bei den Eltern.

„rufen“ unter Umständen durch Schnappen (nicht Beißen!) das Kind zur Ordnung. Die Toleranz ist je nach Rasse unterschiedlich hoch. Reagiert das Kind auf die Zurechtweisung nicht wie vom Hund erwartet, wird das Zwicken heftiger. So kann es dazu kommen, dass Eltern fälschlicherweise denken, der Hund neige zu Aggressionen.

Bereiten Sie Ihr Kind daher auf den ersten Familienhund vor, und erklären Sie ihm, dass es einen wunderbaren Freund bekommen wird. Dieser Freund darf niemals von ihm gestraft, erzogen, geneckt oder an Fell, Rute und Ohren gezogen werden. Grobheiten dürfen von Anfang an nicht vorkommen. Trotz aller ausführlichen Belehrungen lässt man jedoch Kinder mit Hunden besser nie allein.

Funktioniert die Hierarchie richtig, werden es Ihre Kinder genießen, einen ausgeglichenen Spielkameraden zu haben, dem sie noch dazu alles erzählen dürfen. Ja, Kinder öffnen Hunden gegenüber all ihre Gedanken und befreien sich so von manchem Alltagsdruck. Hunde tun Kinderseelen einfach gut.

Welcher Hund zu welchem Kindesalter und -temperament passt, muss auch bedacht werden. Besonders feingliedrige zwergwüchsige Rassen könnten unter Umständen Verletzungen erleiden, wenn Kinder aufgrund ihres sehr jungen Alters noch zu unsanft mit ihnen umgehen. Umgekehrt könnte ein sehr schwerer Hund mit dicken Pranken zarten Kinderkörpern erhebliche blaue Flecken bescheren, auch wenn er es eigentlich gut mit den kleinen Menschen meint.

Kosten

Was sagt Ihr Geldbeutel zur Hundehaltung? Hält er die Kosten aus für: Hundesteuer, Haftpflichtversicherung, jährliche Impfungen, Wurmkuren, Mittel zur Parasitenbekämpfung, Pflegeutensilien, Futter, Näpfe, Leckerli, Halsbänder, Brustgeschirr, Leinen, Liegeplätze, Autokäfig, Spielzeug, eventuelle Hundesalontermine, Hundeschulbesuche, Zusatzkosten im Urlaub, Dogsitter?

Die jährlichen Kosten für einen Hund fallen sehr unterschiedlich aus. Je nach Hundegröße und manchmal auch -rasse kann es bei einigen Dingen um XXL-Kosten gehen. Erkundigen Sie sich vor dem Hundekauf bei Ihrer Gemeinde nach dem Hundesteuersatz. Für einige Rassen, die als potenziell gefährlich eingestuft sind (sogenannte „Listenhunde“), können sehr hohe Beträge festgesetzt werden. Ich rate dazu, monatlich einen Betrag beiseitezulegen, um für Neuanschaffungen und vor allem für überraschende Tierarztbesuche gewappnet zu sein. Passiert ein Unfall und Ihr Hund muss operiert werden, sind schnell einige Hundert Euro fällig. Tierärzte werden sofort und bar bezahlt.

In guten wie in schlechten Zeiten

Sie haben einen Hund und damit ein äußerst feinsinniges Wesen adoptiert. Er bringt Ihnen vorbehaltlos Vertrauen entgegen. Das Leben hält aber manchmal Überraschungen bereit. Sie können zu gegebener Zeit unkomplizierter damit umgehen, wenn Sie sich mit einigen Fragen im Vorfeld auseinandergesetzt haben.

Loyalität

Auch ein noch so gewissenhaft gezüchteter und sorgsam aufgezogener Hund kann schon in jungen Jahren erkranken. Er ist dann auf Ihre Pflege und Fürsorge angewiesen, vielleicht für lange Zeit. Können Sie ganz gewiss zu ihm halten, ohne innerliche Erbitterung?

Welpen und Junghunde strotzen vor Ideenreichtum und besitzen nicht Ihre Wertvorstellungen. Mit

Gerade junge Hunde haben oft ihre ganz eigenen Vorstellungen von der Gartengestaltung.

kleinen „Katastrophen“ müssen Sie rechnen. Es wird Ihnen nicht immer gelingen, den Racker zu beobachten. Ein Tischbein wird angeknabbert, die Designerbrille zerbröselt oder Ihr Garten verwandelt sich in einen 18-Loch-Golfplatz. Wie wichtig sind diese Dinge für Sie? Gewinnen nach kurzer Verstimmung die vielen Vorzüge Ihres Tieres wieder die Oberhand?

Ändert sich Ihr Leben eventuell in ein oder zwei Jahren? Ist ein Baby geplant und könnte es passieren, dass Ihnen später die Verantwortung für Hund und Kind zu viel abfordern wird? Sollten Sie zweifeln, schieben Sie den Hundewunsch lieber noch hinaus. Bricht das Kindergartenalter an, können Sie das Hundeglück mit Ihrem Kind teilen. Das ist doch eine schöne Vorstellung.

Könnte Sie eine betriebliche Umstrukturierung zwingen, Ihren Arbeitsplatz oder den Ihres Partners in eine andere Stadt oder in ein anderes Land zu verlegen? Sobald Ungewissheit besteht, ob ein Hund für sehr lange Zeit in Ihr Leben passt, warten Sie besser auf ruhigere Zeiten.

Sie sind ein älterer alleinstehender Mensch und noch fit genug für viele Spaziergänge? Ein Hund würde Ihre Einsamkeit mit einem Schlag beenden? Doch Sie machen sich Gedanken, ob Sie in ein paar Jahren vielleicht in ein Pflegeheim umziehen müssen. Leider gibt es immer noch zu wenige Heime, die den Einzug von Hunden gestatten, obwohl bekannt ist, dass die Trennung vom Tier eine enorme Belastung für alte Menschen bedeutet, mit der sie kaum fertig werden. Doch es gibt diese Heime! Vielleicht finden Sie nichts Geeignetes in Ihrer Heimatstadt, aber ganz sicher irgendwo in Deutschland. Die Bildung von Senioren-WGs ist ebenfalls auf dem Vormarsch. Gleichgesinnte ältere Menschen schließen sich zusammen und meistern gemeinsam das Leben. Also – nicht aufgeben!

Ohne eigenes Auto zum Tierarzt

Falls Sie selbst kein Autofahrer sind, benötigen Sie Hilfe, wenn Ihr Hund sich verletzt oder plötzlich erkrankt. Tierärzte kommen nicht immer ins Haus, weil sie nur in ihrer Praxis zahlreiche notwendige Untersuchungen und Behandlungen durchführen können. Verlassen Sie sich lieber nicht auf den sonst so netten, hilfreichen Nachbarn und sein Auto. Genau in dem Moment, wo Ihr Hund sich vor seinen Füßen erbricht, fällt ihm ein, dass er sofort einen wichtigen Geschäftstermin wahrnehmen muss. Taxifahrer lehnen solche Fahrten ebenfalls häufig ab.

In vielen Regionen sind Tiernotarztwagen unterwegs, die auch nachts und an Wochenenden angefordert werden können, und für zahlreiche Praxen und Tierkliniken fahren Tiertaxis. Fragen Sie den Tierarzt nach solchen Möglichkeiten, bevor der Ernstfall eintritt. Auch reine Fußgänger können sich ihren Hundewunsch erfüllen.

Es ist günstig, wenn für Urlaub und Notfälle eine dem Hund vertraute Person zur Verfügung steht.

Dogsitter für den Ernstfall

Krankheiten überfallen auch uns Menschen plötzlich. Ein Aufenthalt im Krankenhaus ist sofort notwendig und nicht erst in ein paar Stunden. Sie sollten für diese Situation jemanden kennen, der möglichst einen Schlüssel Ihrer Wohnung verwahrt und sich von jetzt auf gleich um Ihren Hund kümmern kann. Er sollte mit ihm vertraut sein und mit ihm umgehen können.

Urlaubsplanung

Wenn ein Welpe einzieht, planen Sie besser in den ersten Monaten keinen Urlaub, der mit einer Trennung verbunden ist. Der Hund braucht Sie in dieser Zeit besonders. Mit ihm gemeinsam können Sie aber nach der Eingewöhnungszeit in die Ferien fahren, vorausgesetzt, er ist stubenrein.

Falls Sie gern in den sonnigen Süden fliegen, sollten Sie für Ihren erwachsenen Liebling einen guten Urlaubsplatz bei Freunden oder einer professionellen Tierbetreuung sichern. Er ist dort sehr viel besser aufgehoben als an sonnigen heißen Stränden (die oft für Hunde verboten sind). Die Angst im dunklen Gepäckraum eines Jets mit extrem lauten Geräuschen und dem Geruch anderer ängstlicher Tiere bleibt ihm erspart. Nehmen Sie sich einfach mal ein paar Tage hundefrei und freuen Sie sich auf die überschwängliche Begrüßung bei Ihrer Heimkehr.

Vermieter und Nachbarn

Sind Sie Mieter, sollten Sie Vermieter und Nachbarn um ihr schriftliches Einverständnis zur Hundehaltung bitten. Auch Besitzer von Eigentumswohnungen müssen sich vor dem Hundekauf, am besten schriftlich, der Akzeptanz der Nachbarn versichern. Lassen Sie sich bitte nicht nur auf zustimmende Worte ein. Irgendwann kommt es durch Kleinigkeiten mal zum Streit mit einem Mitbewohner, und der hat vielleicht nichts Besseres zu tun, als gegen Ihren Hund zu plädieren, um seinem Groll Luft zu machen. So etwas kann eskalieren und für Sie den Umzug mit Ihrem Hund bedeuten.

Tierhaarallergie

Allergien sind oft die Ursache dafür, dass Hunde kurz nach ihrer Eingewöhnung ihr Zuhause wieder verlassen müssen. Wie steht es mit der eigenen Gesundheit und der Ihrer Familienangehörigen? Gab oder gibt es Allergien oder Symptome für allergische Reaktionen? Im Zweifelsfall sprechen Sie vor Einzug eines Hundes mit einem erfahrenen Allergologen. Dieser Weg lohnt sich, denn Sie würden Höllenqualen leiden, wenn Sie Ihren Hund ins Herz geschlossen haben und sich wieder von ihm trennen müssen. Für Allergiker können nicht haarende Rassen wie Pudel, West Highland White Terrier, Bichons oder Airedale Terrier eine Option sein. Reizempfindliche Menschen reagieren manchmal aber auch auf Hautschuppen von Hunden. Deshalb sind selbst Nackthunde in diesem Fall keine Lösung.

Konnten Sie alle angesprochenen Themen positiv abhaken? Dann gibt es jetzt ein dickes JA für das neue Familienmitglied Hund, und es gilt nun, den passenden Vierbeiner auszuwählen.

Pudel haaren nicht und können daher häufig auch von Allergikern gehalten werden.

Spitz und Kurzhaar-Collie – zwei ganz verschiedene Hundetypen mit unterschiedlichen Bedürfnissen.

Hundetypen

In der Jungsteinzeit (8./7. Jahrtausend vor Christus) bildeten Menschen erste Siedlungen. Daneben begann die Domestikation von Schaf und Ziege, dann vom Schwein und später von Rindern. Zeitgleich ergab sich, dass die Menschen den Nutzen von Hunden für verschiedene Arbeits- und Lebensbereiche erkannten:

- Schutz des Viehs vor Raubtieren
- Zusammenhalten und Treiben der Herden
- Vertilgen von Mäusen, Ratten, Abfällen
- Bewachen von Familie und Eigentum
- Warmhalten der Kinder
- Bewegen von Lasten mit Karren oder Schlitten
- Helfer bei der Jagd

Die Zucht für die verschiedenen Bereiche wurde nach und nach zielgerichteter. Neue Rassen entstanden (und entstehen bis heute) nach den Wünschen der Menschen. Aktuell zählen wir circa 400 Hunderassen.

Sie werden von der FCI (Fédération Cynologique Internationale – der größte kynologische Dachverband) in zehn Gruppen unterteilt. Doch kann es kaum gelingen, jeden Hund präzise einer Kategorie mit bestimmten Eigenschaften zuzuordnen. So finden Sie beispielsweise den äußerst apportierfreudigen Pudel nicht bei den Apportierhunden, sondern bei den Gesellschafts- und Begleithunden.

Ich orientiere mich im Folgenden nicht an den FCI-Gruppen, sondern habe versucht, Gruppen mit gemeinsamem Ursprung oder gleichmäßigen Eigenschaften zusammenzustellen. In jeder Gruppe nenne ich Rassebeispiele.

Herdenschutzhunde wie der Pyrenäen-Berghund schützten Schafe und andere Nutztiere vor Raubtieren und Dieben.

Herdenschutzhunde

Beispiele:
· Bergamasker Hirtenhund
· Briard
· Komondor
· Kuvasz
· Pyrenäen-Berghund
· Sarplaninac
· Kaukasischer Owtscharka
· Tatra Schäferhund

Sie übernahmen schon vor Tausenden von Jahren die Aufgabe, ihre ihnen anvertraute Herde vor Raubtieren und Dieben zu schützen. Fruchtbare Täler wurden mehr und mehr für den Ackerbau genutzt und die Herden mussten oft in die Berge ausweichen. Vor allem nachts griffen hier Wölfe, Bären und andere Raubtiere Herdentiere an. Deshalb musste bei der Herde ein selbstbewusster, mutiger, unabhängiger, großer und starker Hund wachen, mit überaus scharfen Sinnen für Gefahr. Tag und Nacht nahm er wahr, was sich in der Herde und drum herum abspielte, und traf selbstständig die Entscheidung, wann er eingreifen musste. Die sehr karge Ernährung der Schutzhunde durfte nicht dazu führen, dass sie sich an einem Schaf ihrer Herde vergriffen. Das oberste Gebot war, jedes anvertraute Tier zu schützen, zu jeder Zeit, bei jeder Witterung. Unter diesen Bedingungen brachte die Zucht höchst widerstandsfähige, anspruchslose, eigenständige Tiere hervor.

All diese Eigenschaften zeichnen diese Hunde auch heute noch aus. Bei Ihnen zu Hause wird ein Herdenschutzhund daher genauso wachsam registrieren, wenn sich Fremde seinem Grundstück, Haus und seinen Menschen nähern. Ist das Grundstück nicht eingezäunt, dehnt er sein Territorium auch auf umliegende Wege aus und würde selbst Spaziergänger als Gefahr für seine Familie einschätzen. Er wird, wenn er gut erzogen ist, nicht angreifen, aber er wird knurrend drohen, bis sie „seinen" Bereich verlassen haben.

Meistens liegen diese Hunde schläfrig herum und man mag kaum glauben, dass sie erstaunlich schnell und gezielt reagieren können. Geeignet sind Herdenschutzhunde nur für mental starke, konsequente Menschen. Kommt ein Fremder ins Haus, muss der Hund sich auf Kommando problemlos zurückziehen. Unter dieser Voraussetzung und bei ständigem, engem Familienkontakt erhält man einen ruhigen, angenehmen Begleiter, auf den man sich zu jeder Zeit verlassen kann. Ein falsch geführter Herdenschutzhund ist hingegen nicht ungefährlich.

Als Begleiter auf Spaziergängen sind Herdenschutzhunde sehr ausdauernd. Zu Hause lieben sie es, von einem Aussichtsplatz ihr Territorium zu bewachen, mit regelmäßigen Kontrollgängen durch Haus und Außenbereich. Ein sehr großes, eingezäuntes Grundstück mit freiem Zugang zum Haus (große Hundeklappe) wird diesen Hunden deshalb gerecht. In enger Umgebung (zum Beispiel Reihenhaus, kleiner Garten) stehen ihren hohen Schutzinstinkten unverständliche Dinge entgegen: Zu viele fremde Menschen bewegen sich in „ihrem" Schutzgebiet und spielende Kinder rennen ohne Erlaubnis auf „ihr" Haus zu. Ihr schrilles, drohendes Gebell kann in diesem Fall Ihnen und den Nachbarn gehörig auf die Nerven gehen. Ihre Patrouillengänge im zu kleinen Haus und Garten geraten auch zu kurz. In nicht angepasster Umgebung fühlen sich diese Hunde unwohl.

Hüte- und Treibhunde

Beispiele:

- Australian Cattle Dog
- Australian Shepherd
- Bearded Collie
- Bobtail
- Border Collie
- Briard
- Collie
- Deutscher Schäferhund
- Entlebucher
- Shetland Sheepdog
- Tibet Terrier
- Welsh Corgi Pembroke und Cardigan
- Weißer Schweizer Schäferhund

Sie wurden für die Herden schon früh gebraucht, genau wie die Schutzhunde. Je nach Herkunftsregion tragen sie unterschiedliches Fell. Sie mussten schlanker und wendiger sein als die Herdenschutzhunde und vor allem sehr unterordnungswillig den Kommandos des Hirten folgen. Ihr Jagdtrieb wurde umgelenkt in Hütearbeit. Hütehunde „jagen" Schafe in die richtige Richtung. Sie umrundeten große Herden, hielten sie zusammen und trieben sie auf andere Weiden, den Markt oder in Pferche. Einige Hunde zwangen ihre Herde durch Gebell in

Border Collies hüten mit ihrem „hypnotisierenden" Blick.

die richtige Richtung (zum Beispiel Deutsche und Belgische Schäferhunde), andere arbeiteten völlig lautlos, nur mit fast hypnotisierenden Blicken (zum Beispiel Border Collie).

Die zielgerichtete Zucht festigte nach und nach Hütehundtypen für verschiedene Aufgaben. So setzte man Rassen mit kurzen Läufen bevorzugt an Rinderherden ein, weil sie den Hufen gut ausweichen konnten (zum Beispiel Corgis). Rinder hütende Hunde waren auch kämpferischer veranlagt als Schafhüter. Sie mussten sicher zupacken können. Waren diese Hunde einmal auf Rinder geprägt, konnten sie wegen ihrer verwegenen Art nicht mehr für Schafherden eingesetzt werden. Hierfür wurden sanftmütige Typen gebraucht.

Wendig, schnell und intelligent waren und sind sie alle. Sie lernen sehr gern, auf leise knappe Anordnungen und Handzeichen zu achten. Arbeitsfreude besitzt jeder dieser Hunde heute noch in höchstem Maß. Deshalb genügen Spaziergänge allein nicht, auch nicht fünf Stunden pro Tag. Kürzere Spaziergänge mit zusätzlicher Beschäftigung wie Hundesport, Tricks erlernen und Geschicklichkeitsspiele lasten diese Hunde aus. Nur sehr aktive, kreative Menschen mit viel Geduld und Zeit passen zu diesen Vierbeinern.

Hüte- und Treibhunde mussten auf leise Pfeiftöne des Schäfers zuverlässig reagieren. Deshalb konzentrierte sich hier die Zucht auf Tiere mit sehr feinem Gehör. Daraus resultiert, dass diese Hunde nicht besonders gut in einem geräuschvollen Umfeld leben können.

Nordische Hunde

Beispiele:
- Alaskan Malamute
- Chow Chow
- Deutscher Klein-, Mittel-, Großspitz
- Samojede
- Shiba Inu
- Siberian Husky
- Wolfsspitz
- Russisch-Europäischer Laika

Vor vielen Tausend Jahren lebten bereits Wölfe in arktischen Tundren. Endlose Grasflächen boten großen und kleinen Tieren reichlich Nahrung. Das große Angebot an Beutetieren ließ die Wölfe dort größer und schwerer werden als ihre Verwandten in kargeren Regionen. Ans Klima angepasst, bedeckte sie ein dickes, dichtes Haarkleid.

Um 3000 vor Christus überquerten die ersten Eskimogruppen von Asien aus die Beringstraße und ließen sich auf dem nördlichen amerikanischen Festland und den nordkanadischen Inseln nieder. Erlegten sie Karibus, Moschusochsen, Gänsearten oder Polarhasen, blieben üppige Reste übrig, worüber sich die Wölfe hermachten. Friedlich und respektvoll lebten Mensch und Wolf nebeneinander und wichen einander immer weniger weit aus.

Mit der Zeit gelang es, aus Wolfswürfen Welpen zu entnehmen, um sie als Jagdhelfer heranzuziehen. Die besten verpaarte man miteinander.

Als die Jäger und Sammler sesshaft wurden, zogen sie vermehrt Hunde für verschiedene Aufgaben heran. Ob als Jäger oder als Familienhund, der die Kinder wärmte, den Abfall fraß und den Fischfang bewachte, oder als Zugtier, gewann der Hund an Bedeutung. In Gebieten mit Rentierherden zog man Hütehunde heran. Aus diesen Anfangszuchten entwickelten sich über sehr lange Zeit die heutigen nordischen Rassen und verbreiteten sich über die ganze Welt.

Sie besitzen allesamt heute noch ein dickes warmes, wetterfestes Fell zum Schutz vor eisigen Temperaturen und für ausdauernde Arbeit im tiefen Schnee. Nordische Hunde sind insgesamt sehr robust und zäh und für arktische Verhältnisse geschaffen. Weite Spaziergänge und viel Aktivität lieben diese Tiere nur bei kühlen Temperaturen. Damit sie auch im Hochsommer glücklich sind, wären lange Touren sehr früh morgens zu empfehlen. Tagsüber liegen Nordische Hunde lieber im Schatten und ruhen. Sind Sie ein sommerlicher Frühaufsteher?

Die Alaskan Malamutes lebten mit Nomadenstämmen. Über weite Strecken zogen sie den gesamten Besitz ihrer Menschen und benötigten dafür Ausdauer und enorme Kraft. Schnelligkeit mussten diese Hunde nicht aufweisen. Die Huskys hingegen teilten ihr Leben mit sesshaften Völkern.

Siberian Huskys sind schnelle Zughunde für nicht allzu schwere Lasten.

Hier waren schnelle Zughunde für leichte Waren und die Post gefragt. Beide Rassen erwiesen sich zudem als ausgezeichnete Jagdhelfer. Sie spürten wilde Herden auf, trennten Tiere ab und griffen sie an. Auch heutzutage leben sie gern ihren Jagdtrieb aus und laufen deshalb besser angeleint. Wachhunde sind sie nicht, weil sie sehr sozial sind. Fremden begegnen sie in der Regel freundlich und vertragen sich meist auch mit anderen Hunden. Der Chow Chow, früher auch ein Zughund, ist dagegen sehr wachsam und misstrauisch. Er ist der typische Einmannhund und gehorcht seinem Besitzer – und nur diesem – gern.

Russisch-Europäische Laiki sind sehr selbstständige Jagdhunde für Pelztierjäger, ordnen sich kaum unter und eignen sich weniger als Familienhunde.

Spitze streunen und wildern kaum, doch sind einige sehr bellfreudig. Sie sind glücklich, wenn sie Haus und Hof beziehungsweise Wohnung und Eigentum bewachen und ihre Besitzer begleiten dürfen. Sie wollen ihren Menschen unbedingt gefallen.

Der freundliche Samojede hütete Rentierherden und braucht heute zusätzlich zu Spaziergängen viel geistige Beschäftigung.

Afghanische Windhunde kommen dank ihres dichten Fells auch mit kalten Temperaturen gut zurecht, brauchen aber viel Pflege.

Windhunde

Beispiele:
· Afghane
· Barsoi
· Greyhound
· Italienisches Windspiel
· Scottish Deerhound
· Saluki
· Whippet

Schon vor Urzeiten gab es in den heißen, weitläufigen Gebieten des Südens Hunde, die von dem südlichen Wolf abstammten. Gegenüber nordischen Wölfen war dieser aufgrund dürftiger Nahrungsquellen kleiner und zierlicher und besaß kurzes Haar.

Es wurden Jagdhunde gebraucht, die sehr schnelle Tiere wie Gazellen mühelos einholen konnten. In der Zucht selektierte man daher auf lange Beine, leichte Knochen und großes Lungenvolumen (tiefer Brustkorb). Schmale Köpfe und Körper wurden bevorzugt, um Windschlüpfigkeit zu gewährleisten. Die Zuchtziele waren: ein ruhiges, freundliches Wesen, Robustheit, Furchtlosigkeit, Schnelligkeit und Kraft. Bald war auch das Interesse geweckt, diese schnellen Hunde in Rennen gegeneinander antreten zu lassen. Wahrscheinlich entstand so die älteste Hundesportart der Welt.

Durch den weitläufigen Handel der Phönizier kamen Windhunde nach Europa. Die stolze Eleganz dieser Tiere weckte das Interesse des Adels, dem die Jagd mit Falken und Hunden vorbehalten war. Die Leichtfüßigkeit, Schnelligkeit und das besondere Wesen dieser Vollblut-Jagdhunde sprachen die Adligen an. In Irland und Schottland erhielt man durch Einkreuzung rauhaariger Jagdhunde eine Fellstruktur, die dem heimischen Klima besser standhielt. In Afghanistan und Russland kreuzte man stark behaarte Hunde ein, um die Windhunde für die Wolfsjagd bei winterlichen Temperaturen zu wappnen. Doch der Hundetyp blieb erhalten.

Windhunde verhalten sich eher zurückhaltend bei fremden Menschen und Hunden. Das ist das Erbe des unabhängigen Südwolfes, der nicht in großen Rudeln jagte wie der Nordwolf. Auch heute noch sind alle Windhunde blitzschnelle Jäger. Sie reagieren auf alles, was sich bewegt und sich als Beute anbietet, denn sie sind hoch spezialisierte Sichtjäger. Deshalb ist für sie vorwiegend der Leinenspaziergang geboten, und das möglichst mehrere Stunden täglich. Zudem muss ihrer natürlichen Veranlagung Rechnung getragen werden. Sie wollen und müssen rennen, rennen, rennen. Bewegungsstau bekommt ihnen psychisch und physisch schlecht. Die Windhundklubs bieten Renntraining und vieles mehr an. Viele Windhunde laufen auch gut an lockerer Leine neben dem Fahrrad. Ein wirklich großes eingezäuntes Grundstück wäre von Vorteil, um sie nach Bällen und Frisbees jagen zu lassen. Durch ihr ausgeglichenes, stets freundliches Wesen eignen sich Windhunde gut als Familienhunde. Bellen, außer mal ein kurzes „Wau“, liegt nicht in ihrer Natur. Wachhunde sind sie also nicht. Das Zittern vieler Windhunde weist in der Regel nicht auf Angst hin, sondern hat mit Anspannung oder Kälte zu tun.

Menschen, die ihre stolze, selbstständige Art verstehen, sich an ihrer Grazie erfreuen und sehr aktiv sind, werden mit Windhunden bestimmt glücklich.

Terrier

Beispiele:

- Airedale Terrier
- Border Terrier
- Cairn Terrier
- Foxterrier
- Irish Terrier
- Jack Russell Terrier
- Parson Russell Terrier
- West Highland White Terrier
- Yorkshire Terrier

Terrier begegnen auch deutlich größeren Rassen meist angstfrei.

In Europa treten schon seit Jahrhunderten viele Terrierarten auf. Diese Rattenfänger wurden zunächst nur bei armen Leuten und auf Bauernhöfen gehalten. Das arme Volk, vor allem in Großbritannien, ersann für sich bald die Freizeitbeschäftigung, eine große Zahl Ratten in eine Arena, die „Pit", zu setzen und einen Terrier auf sie loszulassen. Die Zeit bis zum Tod des letzten Nagers wurde gestoppt, und der Besitzer des schnellsten Hundes gewann bis zu einem Monatslohn. Das Wettgeschäft blühte. Leider wurden auch einige Terrierarten durch rücksichtslose Haltung scharf gemacht und zum Kämpfen untereinander in die Pit geschickt. Ende des 19. Jahrhunderts trat in England, weltweit erst Anfang des 20. Jahrhunderts, endlich das Verbot für Tierkämpfe in Kraft.

Der kleine West Highland White Terrier wurde ursprünglich für die Jagd auf Ratten und Mäuse gezüchtet.

Die absolute Furchtlosigkeit dieser Hunde gepaart mit großer Lernfreude machte Jäger auf sie aufmerksam. Kamen größere Jagdhunde bei der Fuchsjagd nicht mehr weiter, brauchte man kleinere Hunde, die kühn und unerschrocken den Fuchs aus dem Bau trieben. Man verpaarte die kleinsten Terrier miteinander, um die Größe zu drücken, damit sie unter der Erde, in Steinwällen und Felsspalten arbeiten konnten.

Die mittelgroßen und großen Terrier leisteten ebenfalls ihren Beitrag als Rattentöter, waren aber auch im Kriegsdienst willkommen, um Verwundete aufzuspüren (Airedale Terrier, Irish Terrier). Sie begegneten Erschütterungen und großem Lärm mit Gelassenheit. Der sehr wasserfreudige Airedale konnte zudem zur Otterjagd eingesetzt werden.

Ende des 19. Jahrhunderts schauten sich Damen der Gesellschaft nach einem treuen Begleiter um, der hübsch anzusehen und handlich war. Nun begannen die Yorkshire Terrier, die bisher ebenfalls als Rattenfänger gehalten worden waren, ihren Siegeszug über den gesamten Globus.

Terrier besitzen auch heute noch die Eigenschaften, die sie für die Jagd auf allerlei wehrhaftes Getier brauchten. Glauben Sie nicht, Ihr Westie, Yorkie oder Cairn Terrier sei zum Schoßhund mutiert. Diese „Rattler" suchen auch heute noch nach Mäusen – in Ihrem Garten. Nur eine kleine Buddelecke genügt ihnen nicht. Mäuse laufen überall lang und Ihr Terrier (Terra = Erde) will sie finden – UNTER der Erde! Das ist für ihn Ehrensache, und er wird es niemals begreifen, wenn ihm seine „Arbeit" verboten wird. Besitzer dürfen nicht aus der Haut fahren, wenn ihr Terrier ihnen eine getötete Ratte vor die Füße legt. Ihr Hund erwartet entsprechende Lobeshymnen.

Voraussetzung für ein angemessenes Verhalten der Terrier, besonders auf Spaziergängen, ist ein durchsetzungsfähiger Halter. Diese Draufgänger treten selbst großen und starken Artgenossen ziemlich respektlos gegenüber und brauchen klare Anweisungen, damit sie sich nicht heillos überschätzen. Sie suchen zwar meistens von sich aus keinen Streit, kneifen aber nie, wenn sie sich, egal von wem, herausgefordert fühlen.

Ihre Lernfreude ist sehr groß. Sie eignen sich bestens für Dogdancing, lernen gern Tricks und mögen Ball- und Frisbeespiele. Zusätzlich müssen täglich kurze Gehorsamsübungen sein, damit der Jagdeifer kontrollierbar bleibt. Passt hier alles, werden Terrier zu prima Familien- und Begleithunden, die durch ihre Pfiffigkeit gute Laune verbreiten.

Auch bullartige Terrier sind grundsätzlich freundlich und suchen keinen Konflikt. Sie besitzen eine sehr hohe Reizschwelle. Verantwortungsvolle Züchter selektieren heute auf soziale Verträglichkeit.

Terrier gehören zu heiteren Menschen.

Pinscher und Schnauzer unterscheiden sich in erster Linie durch ihre Fellstruktur.

Pinscher und Schnauzer

Beispiele:

- Dobermann
- Deutscher Pinscher
- Mittelschnauzer
- Rehpinscher (Zwergpinscher)
- Riesenschnauzer
- Zwergschnauzer

Dieser gleiche Typ Hund unterscheidet sich eigentlich nur durch seine Fellstruktur. Pinscher sind glatt-, Schnauzer sind rauhaarig. In der modernen Zucht achtete man darauf, dass nur Hunde mit gleichen Fellarten miteinander verpaart wurden.

Die Wurzeln des Schnauzers finden sich bereits im Mittelalter in Württemberg. Als Schnauzer bezeichnete man rauhaarige Pinscher (englisch: to pinch = kneifen). Sie packten zu, wenn es notwendig war. In früheren Zeiten selektierte man zunächst auf territoriale Gebundenheit. Streuner überlebten nicht. Die Hunde mussten Hof und Ställe von Mäusen, Ratten und Mardern befreien können und sollten sich nur dort aufhalten. Der Zuchterfolg stellte sich bald ein, und man konzentrierte sich auf robuste Hunde mit gutem Wach- und Schutzinstinkt.

Große Pinscher und Schnauzer saßen mit auf Kutschböcken. Sie bewachten sicher das Fuhrwerk und die Pferde, wenn der Kutscher ein Gasthaus aufsuchte. Diese Hunde kamen als Kutschenbegleiter mit Pferden bestens zurecht. Sie schliefen nah bei den Pferden und beide Tierarten akzeptierten sich.

Riesenschnauzer bewachten zudem Almen und begleiteten schützend die Fuhrwerke bergauf, bergab.

Vor etwa 100 Jahren begann in Deutschland die Rassehundezucht. Pinscher und Schnauzer behielten ihr Aussehen und ihr Wesen über all die Jahre bis heute fast ohne Abweichung. Kommen sie aus einer guten Zucht, werden sie richtig geführt und beschäftigt, sind sie grundsätzlich friedlich, sehr folgsam und aufmerksam. Die mittlere Schärfe beim Dobermann und Riesenschnauzer, die seinen Schutz- und Wachtrieb steuert, bedeutet für den Halter, ihn freundlich, aber unbedingt konsequent zu führen. Körperliche Strafen sind Fehler, die diese Hunde nicht verzeihen und mit Aggressivität quittieren könnten.

Für Hundesport sind Pinscher und Schnauzer sehr zu begeistern. Wenn Sie einen guten Reitbegleiter suchen, sind Sie bei den größeren Hunden dieser Rassen richtig. Die kleinen Hunde zeigen mehr Temperament als ihre großen Brüder und sind leichter zu führen.

Gesellschaftshunde

Beispiele:
- Bichon Frisé
- Cavalier King Charles Spaniel
- Dalmatiner
- Elo®
- Französische Bulldogge
- Havaneser
- Kromfohrländer
- Mops
- Papillon und Phalène
- Pudel

Solange es reiche Menschen gibt, existieren Gesellschaftshunde in allen Teilen der Welt. Schon in altägyptischen Palästen waren sie zu Hause. Klein geratene Barbets und Pudel kreuzte man vor langer Zeit mit anderen kleinen Hunden, um handliche Exemplare mit schönem Fell zu erhalten. Diese

Gesellschaftshunde wurden gezielt als Begleiter für den Menschen gezüchtet.

Trotz ihrer geringen Größe sind die meisten Gesellschaftshunde sehr sportlich. Hier ein Papillon beim Agility.

züchterische Maßnahme brachte auch die Bichons (französisch für Schoßhunde) hervor, die vor allem Damen in Königshäusern bezauberten. Phönizische Händler nahmen diese anpassungsfähigen, trotz geringer Größe sehr robusten Hunde gern auf ihren Schiffen mit und boten sie erfolgreich wohlhabenden Kunden an. Die vier Bichons (Bichon Frisé, Bologneser, Malteser, Havaneser) machten außerdem ihren Weg in der Manege. Geschickte Kreuzungen aus Bichons und sehr kleinen Spaniels brachten den Papillon und den Phalène hervor, die sich lediglich durch ihre Ohrhaltung unterscheiden.

Vor 300 bis 400 Jahren gelangten Bichons mit Handelsschiffen nach Madagaskar. Die französischen Kolonialherren züchteten hieraus den Coton de Tulear. Coton bezeichnet die baumwollartige Fellstruktur und Tulear ist eine Stadt in Madagaskar. Ein völlig problemloser Hund, der kaum Erziehung braucht. Er verehrt seine Besitzer und ist glücklich, in ihrer Nähe weilen zu dürfen.

In Asien züchteten die Lamas (Priester) den Lhasa Apso und lebten mit ihm in ihren Klöstern. Diese kleinen Hunde waren wachsam, anhänglich und sehr langlebig. Ein Verkauf kam niemals infrage. Als Dankgeschenke erfreuten sie Menschen, die sie als Talisman betrachteten. Die enge politische Zusammengehörigkeit mit China veranlasste die Lamas, Lhasa Apsos chinesischen Kaisern als Geschenk zu präsentieren. Aus diesen Hunden gingen die Pekingesen und Shih Tzus hervor, die ebenfalls nur einen Zweck hatten: Gefährte zu sein und den Besitzer zu erfreuen.

Die Pekingesen kamen dann wiederum als Geschenke in die Lamaklöster. Möglicherweise wurden sie dort mit dem ebenfalls aus China stammenden Mops gekreuzt, der damals noch einen ausgeprägten Fang besaß und keine Atemnot litt. Im Hochland von Tibet hätten schweratmige Hunde auch nicht gut leben können. So entstand der kleine Tibet Spaniel. Trotz seines Namens ist er kein

Spaniel, also kein Stöberhund, sondern ein wachsamer, netter und leicht erziehbarer Gesellschafter.

Kleinere Pudelschläge kamen in Deutschland und Frankreich schon im 17. und 18. Jahrhundert an Königshöfen vor. Im Ersten Weltkrieg nahmen Soldaten größere Pudel aus Deutschland mit nach Frankreich. Hier entstand der moderne Pudel in verschiedenen Größen und Farben. Er wurde zur Trüffelsuche eingesetzt und zeigte sich possierlich im Zirkus. Er lernte freudig und leicht Tricks, war athletisch und sehr gehorsam. Seine Wasser- und Apportierfreude sprach viele Menschen an, und schon bald war er weltweit in allen Größen begehrt.

Auch in jüngerer Zeit entstanden weitere Gesellschaftshunderassen, die sich heute wachsender Beliebtheit erfreuen. So züchtete man in den USA im 19. Jahrhundert aus verschiedenen Pit-Kampfhunden den Boston Terrier. Durch gezielte Zucht behielt er sein Selbstbewusstsein, verlor aber die Aggression. Es kam ein anpassungsfähiger, pflegeleichter Hund dabei heraus. Da er zwar wacht, aber kein Kläffer ist, sich leicht unterordnet und anschmiegsam ist, kann er gut in Wohnungen ohne Garten leben und ist heute vielfach auch bei älteren Menschen beliebt.

Größere Gesellschaftshunde wie die Dalmatiner gefielen vor allem dem englischen Adel. Die außergewöhnliche Tüpfelung, ihre extreme Freundlichkeit zu Pferden, die stolze Erscheinung und ihre Gehorsamkeit ließ sie hier zu Begleitern der Damenkutschen und Reiter werden. Sie galoppierten ausdauernd nebenher und hoben das Ansehen der Besitzer. Ihre Ausdauer und Bewegungsfreude besitzen sie heute noch. Sie brauchen viel Auslauf, am besten neben dem Fahrrad oder als Begleiter beim Joggen oder Reiten. Sie eignen sich gut für verschiedenste Hundesportarten.

Alle Gesellschaftshunde sind auch für Ersthundehalter geeignet. Die Auswahl ist groß und es kommen immer noch neue Rassen wie jüngst der Elo® hinzu. Da alle einen recht angenehmen Charakter besitzen, bestimmt bei der Auswahl in dieser Gruppe zum größten Teil das Auge.

Wasserhunde

Beispiele::

- Barbet
- Chesapeake Bay Retriever
- Curly-Coated Retriever
- Golden Retriever
- Labrador Retriever
- Neufundländer
- Nova Scotia Duck Tolling Retriever
- Portugiesischer Wasserhund
- Pudel

Seeleute, Fischer und Jäger benötigten Hunde, die stundenlang unermüdlich im und am Wasser und auf Booten arbeiten konnten. Bereits in der Römerzeit wurde von einem fischenden Hund vor der Küste Portugals berichtet. Er fuhr auf Fischerbooten mit und zeigte den Fischern an, wo es sich lohnte, Netze auszuwerfen. Als erstklassiger Taucher trieb er Fischschwärme in die Netze. An Land

Als Wasserrettungshunde sind Neufundländer in ihrem Element.

Aus dem Portugiesischen Wasserhund gingen zahlreiche andere Wasserhundrassen hervor.

fungierte er als Wachhund für Boote und den Fang. Über Jahrhunderte bis heute zeigte der Portugiesische Wasserhund enorme Wasserpassion, feste Bindung an seine Menschen, hohe Lernbereitschaft und er besitzt eine sehr hohe Reizschwelle. Seinen guten Charakter weiß auch die Präsidentenfamilie Obama zu schätzen. Durch Kreuzungen mit ihm entstanden in Europa weitere Wasserhunde. Das Fell all dieser Hunde ist gekräuselt, wasserdicht, wollig, leicht ölig und versorgt die Hunde auch in sehr kalten Gewässern mit Wärme. Sie haaren entweder gar nicht oder kaum. Manche von ihnen besitzen Schwimmhäute zwischen den Zehen.

Das Fell des Barbet bildet Schnüre, was bei Jagdhunden eher ungewöhnlich ist, ihn aber sehr gut vor Nässe und Kälte schützt. Er apportierte nicht nur geschossenes Wasserwild, sondern jagte es auch selbstständig. Munter, gehorsam und treu wurde er auch zum geschätzten Familienhund. Als Wachhund eignet er sich wenig.

Im Irish Water Spaniel vereinigen sich Barbet, Pudel und Irish Setter. Er apportiert bei der Wasserjagd und beweist sich auch als zielsicherer Taucher, um verwundetes Wasserwild zu bringen. Als guter Wachhund zeigt er sich fremden Menschen gegenüber sehr misstrauisch, weshalb er sich nicht unbedingt für Anfänger eignet.

Der Lagotto Romagnolo wurde im 17. Jahrhundert für die Jagd in Sumpfgebieten und die Trüffelsuche gezüchtet. Heute zeigt er kaum noch Jagdverhalten, ist leicht zu erziehen, aufgeweckt und munter. Für die meisten Hundesportarten kann man ihn begeistern.

Der Pudel apportierte früher mit großer Freude Wasserwild. Viele Pudel konnten auch tauchen. In Frankreich heißt er heute noch Caniche (Entenhund). Doch beizeiten diente er mehr und mehr

Adligen zur Trüffelsuche und als Gesellschafter oder wurde zum Zirkushund. Der Jagdtrieb kam ihm daraufhin weitgehend abhanden. Geblieben ist aber seine Leidenschaft fürs Schwimmen und Apportieren. Sich immer wiederholende Übungen langweilen diese lernbegierigen Hunde. Arbeitsfreude und Power sollten mit reichlich Auslauf und abwechslungsreichem Hundesport befriedigt werden.

Neufundland und Labrador (Ostseite Kanada) sind die Ursprungsregionen von Neufundländer und Labrador Retriever. Die Rassen entstanden durch Kreuzungen von wasserfreudigen Hunden (beim Neufundländer auch Mastiffs). Kleinere Neufundländertypen und Retriever nahm man als Grundlage für die Zucht des Chesapeake Bay Retriever. Aus Chesapeake, Labrador und Flat-Coated Retriever ging der Nova Scotia Duck Tolling Retriever hervor.

Neufundländer begleiteten Seeleute und transportierten ausdauernd Dinge von einem Schiff zum anderen, auch bei eisigen Temperaturen. Sie retteten Menschen in Seenot und zogen für Fischer Netze und Boote ans Ufer. Im 18. Jahrhundert trafen erste Neufundländer in England ein. Ihre bärenhafte Erscheinung und die immerwährende Friedlichkeit sprachen viele Menschen an. Bis heute behielten sie ihre Freundlichkeit, fügen sich gut in jede Familie ein und sind führig. Sie apportieren gern, suchen „verlorene" Gegenstände und können bei Zughundetests mitmachen. Doch ohne Wasser fühlt sich jeder Neufundländer unglücklich. Er muss so oft wie möglich schwimmen dürfen.

Nova Scotia Duck Tolling Retriever locken durch ihr wedelndes Gewusel am Ufer neugierige Enten heran, sodass der Jäger sie bequem aus seinem Versteck schießen kann. Diese Hunde wie auch alle anderen Retrieverrassen sind leicht zu erziehen, apportieren für ihr Leben gern, zeigen Lebhaftigkeit und Energie. Beim Agility, Flyball, Dummytraining und bei weiten Ausflügen in die Natur reagieren sie ihren Arbeitseifer ab.

Jagdhunde

Beispiele:
· Basenji
· Beagle
· Cocker Spaniel
· Dackel
· Deutsch Drahthaar
· Gordon Setter
· Magyar Vizsla
· Münsterländer
· Retriever
· Rhodesian Ridgeback
· Terrier
· Weimaraner

Für alle Gebiete, Wasser und Land, Wald und Feld, Wüste, Steppe und Gebirge wurden und werden Jagdhunde gezüchtet. Die Vielfalt der „Berufe" bei Jagdhunden ist so enorm wie die ihres Aussehens. Hier finden Sie große und kleine, rau- und glatthaarige, mehr- und einfarbige. Die meisten von ihnen sind sehr freundlich.

Verrichten Jagdhunde ihre Arbeit, müssen sie dabei unbedingt mit anderen Hunden und allen Menschen Teamfähigkeit beweisen. Nur sehr friedliche, anpassungsfähige Hunde gingen über Jahrhunderte in die Zucht. Auf der anderen Seite werden Sie unter diesen Typen kaum einen talentierten Wachhund finden, von Weimaranern einmal abgesehen. Alle freuen sich neugierig über jeden Besucher.

Sämtliche Jagdhunde sind Energiebündel und brauchen sehr viel Auslauf, mindestens zwei, besser drei oder vier Stunden täglich. Viel Abwechslung im Gelände sollte dabei berücksichtigt werden, damit der feinen Nase nicht langweilig wird. Schließlich lesen Sie ja auch nicht jeden Tag dieselbe Zeitung, nicht wahr?! Alle mögen Suchspiele im Haus und im Garten sowie Hundesport. Retriever und Münsterländer lieben besonders das

Apportieren. Die Erziehung gestaltet sich über Belohnungen einfach.

Auch bei den Bracken (zum Beispiel Beagle, Foxhound, Französischer Laufhund, Bloodhound, Hannoverscher Schweißhund, Deutsche Bracke) klappt der Gehorsam prima, allerdings muss hier die große Eigenständigkeit berücksichtigt werden, die das Kommando „Hierhin" auf Spaziergängen erschwert. Etliche dieser Hunde belohnen sich lieber mit dem Verfolgen einer attraktiven Fährte als mit einem banalen Leckerchen aus der Hand des Besitzers, auch nach noch so gutem Training. Der Urinstinkt gewinnt. Häufig sind daher vorwiegend Leinenspaziergänge angesagt. Heutzutage bietet der Handel aber sehr lange, leicht zu handhabende Leinen, sodass dies kein Handicap für entspannende Spaziergänge und Wanderungen ist. Ich selbst führte über Jahre mehrere Beagles gleichzeitig auf meinen Wanderungen an langen Leinen und konnte dabei meinen Gedanken gelöst nachhängen. Bracken, auch Laufhunde genannt, jagten laut, meist in Meuten, und mussten dabei selbstständig Entscheidungen treffen. Das tun sie heute noch und es darf ihnen nicht als Sturheit ausgelegt werden. Ihre glockenhellen Stimmen erklingen anhaltend, sobald sie eine Fährte verfolgen. So weiß der Jäger immer, „wie der Hase läuft". Diese Hunde sind dafür gezüchtet, absoluten Spurwillen zu zeigen. Deshalb müssen wir heute damit leben, dass es für sie nichts Wichtigeres auf der Welt gibt, als Fährten zu verfolgen. Alle Bracken sind ausdauernde Läufer mit Hängeohren. Aus ihnen wurden für die Niederjagd kurzläufige Rassen gezüchtet, zum Beispiel der Dackel. Aus Laufhunden zog man auch die Vorstehhunde (Pointer). Sie brachten die überaus feine Nase der Bracken mit, doch es wurde mehr auf Unterordnungswilligkeit selektiert. Wittern Pointer Wild, erstarren sie in der Bewegung, ziehen eine Vorderpfote angewinkelt hoch und richten ihre Nase wie einen Pfeil genau in Richtung Wild aus. Der Jäger kann sich so auf den Schuss vorbereiten.

Der Deutsch Drahthaar ist ein Vollblutjagdhund und gehört daher nur in fachkundige Hände.

Aus Pointern, Laufhunden und alten „Hühnerhundrassen“ entstanden Setter und Spaniels. Sie wittern das Wild, legen sich langsam hin, kriechen vorsichtig drauf zu und „hypnotisieren“ die Beute mit den Augen. So konnten die Jäger früher gut ihre Fangnetze ausbringen beziehungsweise in neuerer Zeit die Beute schießen.

Spaniels, Pointer und Setter sind für eine enge Zusammenarbeit mit dem Menschen gezüchtet. Bei rassespezifisch kundigem Training jagen sie nicht selbstständig, sondern reagieren ausschließlich auf Kommandos. Diese Hunde brauchen viel Bewegung und Arbeit. Wettbewerbe, auf denen sie ihre jagdliche Veranlagung unter Beweis stellen können (Field Trails), werden von den entsprechenden Rasseklubs angeboten. Auch bei anderem Hundesport zeigen sie große Begeisterung.

Kleine Münsterländer können bei entsprechender Erziehung auch wunderbare Familienhunde sein.

Mastiff, Molosser und Nachfolger

Beispiele:
· Appenzeller
· Berner Sennenhund
· Deutsche Dogge
· Deutscher Boxer
· Entlebucher
· Hovawart
· Leonberger
· Rottweiler

Neben den Herdenschutzhunden gibt es weitere furchtlose, bemerkenswerte Hundetypen. Der Ursprung dieser massigen, mutigen Hunde liegt in Tibet. Lange vor Christi Geburt lebten hier Mastiffs (lateinisch mastinus = Haushund), Furcht einflößende Hunde von gewaltiger Größe. Die einen wurden zum Beschützen der Herden eingesetzt, die anderen bewachten Höfe, Klöster und Adelssitze. Um die Aggressivität zu fördern, kettete man die Hofwächter tagsüber eng an und setzte sie bedrohlichen Reizen aus. Nur nachts liefen sie frei und bewachten den Besitz. Weiter verpaart wurden nur die aggressivsten und schmerzunempfindlichsten. Wie man das damals herausfand, möchte ich hier nicht beschreiben.

Ihrem Herrn unterwarfen sich diese Hunde jederzeit, beschützten ihn vor allen Angreifern und gingen für ihn bedingungslos in den Tod. Kriegerische Nomaden nahmen solche Hunde als Waffen auf ihre Kriegszüge mit. Mit breiten Halsbändern ausgestattet, besetzt mit scharfen Messern, gingen sie auf Feinde los, bissen zu und fügten gegnerischen Pferden und Menschen Schnitte zu.

Durch Krieger, aber auch durch Händler und in ganz Europa umherziehende Völker verbreiteten sich diese Hunde in allen Ländern. In Epirus (heute Griechenland, Albanien), beim Volk der Molosser, fand man weitere Giganten und verpaarte sie

(Foto: Tierfotoagentur.de/Schwerdtfeger)

Rottweiler sind in aller Regel treue und umgängliche Familienhunde.

Wagenziehen ist eine tolle Aufgabe für Berner Sennenhunde.

mit den asiatischen Mastiffschlägen. Es entstanden überwiegend glatthaarige Riesen, die Molosser.

Erst im Mittelalter lösten andere Waffen die Kriegshunde ab, doch nun mussten die Molosser in Arenen Todeskämpfe gegen Bären, Löwen oder Gladiatoren führen, und in England wurde die wetthungrige Gesellschaft mit dem sogenannten Bullbaiting amüsiert. Für dieses grausame Spektakel züchtete man den Bulldog. Er verbiss sich in die Bullennase und musste durch Festhalten und Ziehen den Bullen in die Knie zwingen. Ließ er los, überlebte er normalerweise nicht. Terrier wurden beim Bulldog eingekreuzt, um ihn wendiger für die Kämpfe zu machen. Hundekampfrassen bescherten vielen Leuten einen dicken Geldbeutel und den Hunden ein armseliges Leben. Bis in unsere Zeit setzt(e) sich dieses Kapitel fort.

Glücklicherweise gab es aber auch zu allen Zeiten Züchter, die die Vorzüge von Molossern und Doggen weiterentwickelten. Die großartige Treue zum Besitzer, die Gehorsamkeit, Geschicklichkeit, Ruhe, Kraft, Nervenstärke und territoriale Bindung waren gute Grundlagen für die Zucht von Familien- und Wachhunden.

Können sie eng mit der Familie zusammenleben und genießen sie eine liebevolle, stabile Erziehung, werden sie zu sehr angenehmen Haustieren, immer vorausgesetzt, sie stammen aus einer guten Zucht. Sie beschützen wachsam Besitzer und Eigentum, zeigen aber nicht das viel beschriebene „Kampfhundverhalten“, denn ihre Reizschwelle liegt sehr hoch. In Unterordnungswettbewerben findet man sie auf den vorderen Plätzen.

Römer nahmen auf ihren Kriegszügen Rinderherden zur Beköstigung der Truppen mit. Diese Herden wurden von Molossern getrieben und beschützt. War alles verzehrt, ließ man die Hunde unterwegs zurück. Aus Kreuzungen mit einheimischen Hunden entstanden aus den Molossern in der Schweiz und in Deutschland weitere Rassen: Appenzeller, Großer Schweizer Sennenhund, Entlebucher Sennenhund, Berner Sennenhund und Rottweiler. Diese fünf Rassen erleichterten den Gebirgsbauern und Metzgern die Arbeit erheblich. Metzger hielten früher noch eigene Rinderherden und brauchten für sie Treiber und Beschützer. Die Hunde zogen Karren mit Milch- und Fleischprodukten oder handwerklichen Erzeugnissen zum Markt, trieben Vieh auf die Märkte und bewachten auf dem Rückweg die Einnahmen. Dem Großen Schweizer Sennenhund macht man heute noch eine Freude, wenn er Kinder in Karren spazieren fahren darf. Er verhält sich, wie auch die anderen Schweizer, Kindern gegenüber tolerant. Der Rottweiler (Metzgerhund aus Rottweil) fand als Polizei- und Rettungshund neue Aufgaben, der Appenzeller wurde ein trittsicherer Lawinenhund. Aber auch „außer Dienst“ können diese Hunde mit abwechslungsreichen Unterordnungsübungen, mit Ball- und Suchspielen gut beschäftigt werden.

Welche Hundetypen Ihnen gefallen und welche am besten zu Ihnen passen, werden Sie nun leichter erkennen. Seine Urahnen und frühere Zuchtziele haben in jedem unserer heutigen Hunde ihre Spuren hinterlassen, mal mehr, mal weniger. Manches ging bei einigen Individuen ganz verloren, bei anderen nicht. Bis zum letzten Gen werden Sie nie wissen, was in dem ausgesuchten Welpen steckt. Wichtig ist nur, bestimmte Typen überzeugen Sie größtenteils mit ihren Eigenschaften.

Sportliche Hunde passen
zu aktiven Menschen.

Welcher Hund passt zu mir/uns?

Jede Hunderasse besitzt Vor- und Nachteile. Wer oder was ist schon perfekt? Nur empfindet hier jeder Mensch anders. Für die einen ist aufwendige Fellpflege ein Nachteil, für die anderen die Größe, und wieder andere würde es stören, wenn der Hund beim Spaziergang angeleint bleiben müsste. Wird ein besonders wachsamer Hund, ein sportlicher Kumpel oder nur ein Gesellschafter gesucht?

Gegensätze ziehen sich nicht an

Zunächst müssen die Eigenschaften des Hundes zu Ihnen und Ihrem Umfeld passen. Erst danach sollte das Aussehen eine Rolle spielen. Ein Hundehalter kann sich bestimmt eher an eine aufwendige Fellpflege gewöhnen als an ihm unsympathische Verhaltensweisen. Ein sportlicher Mensch verlangt nach einem dynamischen Hund. Ein anspruchsvoller Hund passt nicht zu bequemen Menschen.

Die Wohnsituation

Genügend Bewegung brauchen sie alle, egal ob groß oder klein. Ein Garten ersetzt niemals die Spaziergänge oder den Hundesport. Er ist nur zusätzliches Betätigungsfeld für Spiel, Training, Toben und wird von einigen Rassen auch gern bewacht. Ein Hund, der ohne Garten lebt, wird häufig sogar viel mehr spazieren gehen. Hier gibt es keine Ausreden, man muss raus. Bei entsprechender Beschäftigung können also auch quirlige Hunde in einer Etagenwohnung glücklich werden.

Für „Leinenhunde" halte ich einen ausbruchsicheren Garten für unbedingt erforderlich. In sicherer Umgebung gibt es hier ohne Leine Spiel und Training mit der Familie und Toben mit Besucherhunden. Die vier Wände mögen noch so groß sein, für diese Hunde sollte die Möglichkeit zum täglichen Freilauf an der frischen Luft vorhanden sein.

Bei großen Hunden und Hunden im Wachstum muss man bedenken, dass sich schnell Gelenkschäden (Knie, Ellbogen, Hüfte) einstellen, wenn sie mehrmals täglich über Treppen laufen müssen. Das betrifft auch Hunde, die erblich nicht mit HD (Hüftgelenkdysplasie) belastet sind. Einen kleinen Hund nimmt man einfach auf den Arm, einen 40-Kilo-Hund nicht. Beziehen Sie in Ihre Überlegungen bezüglich der gewünschten Größe auch mit ein, dass ein Hund im Krankheitsfall vielleicht zum Auto getragen werden muss.

Welcher Hundemensch bin ich?

Nicht nur bei Sportlern, Wanderern und flotten Spaziergängern leben Hunde glücklich. Bevorzugen Sie gemächliche Runden, wäre eine niederläufige Rasse angebrachter. Diese Kleinen müssen ihre Pfötchen schneller bewegen, und so kommt jeder zu seinem Recht. Und noch einen Vorteil haben die Kleinen: Während Ihnen ein stattlicher Briard im Ernstfall einiges an Kraft abverlangt, fällt die Anstrengung bei einem Cairn Terrier wesentlich überschaubarer aus. Anleinpflicht besteht in vielen Regionen, und dabei muss jeder Hund beherrschbar bleiben. Es ist nicht mehr witzig, wenn Molosserrüde Valentino sein zierliches Frauchen über den Bordstein vor das nächste Auto zieht, weil er seinen Lieblingsfeind Kater Rusty auf der anderen Straßenseite entdeckt hat. Suchen Sie lieber nach Hunden in einer Gewichtsklasse, die zu Ihnen passt.

Sie möchten unbedingt einen Hund als Partner, doch ist Ihnen der Gedanke an Haare in Ihren Zimmern unangenehm? Wie wäre es denn mit einem Portugiesischen Wasserhund oder einem Pudel? Weitere kaum oder nicht haarende Hunde: der Schnauzer, die vier Bichons, der kleine bunte Bolonka Zwetna, der drahthaarige Magyar Vizsla, der Airedale Terrier, der Foxterrier, der kleine West Highland White Terrier oder der Yorkshire Terrier. Sie sehen, kleine und große Hunde in vielen

In den meisten Städten besteht Anleinpflicht. Dabei ist es wichtig, dass der Hund in jeder Situation beherrschbar bleibt.

hübschen Farben und Fellarten mit ganz verschiedenen Eigenschaften bieten sich auch für Sie an.

Sie sind ein ängstlicher Mensch, möchten aber nicht auf lange, auch einsame Spaziergänge verzichten. Nun suchen Sie einen vierbeinigen Beschützer? Diesen Gedanken halte ich für falsch. Ein Hund mit ausgeprägtem Schutzinstinkt nimmt Ihre Angst deutlich wahr und wird übermotiviert reagieren. Das kann für harmlose Menschen gefährlich werden, wenn Ihr Hund in ihnen eine vermeintliche Bedrohung sieht. Eine zaghafte Person wird er nicht als Führer anerkennen und schlimmstenfalls selbstständig zur Tat schreiten.

Ältere Menschen, die es gern etwas ruhiger mögen, entscheiden sich besser für einen erwachsenen Hund. Ein Welpe kann sehr anstrengend sein.

Sportliche Freizeit mit Hund

Ihre Freizeit möchten Sie gemeinsam mit Ihrem Hund aktiv gestalten. Nachfolgend finden Sie einige Anregungen dazu:

Wandermöglichkeiten gibt es in Deutschland reichlich. Bei Lust und Laune könnten Sie jede Woche woanders laufen, wenn Ihnen Ihre heimatliche Umgebung zu eintönig wird. Der DVV (Deutscher Volkssportverband e. V.) bietet zum Beispiel in jedem Bundesland, auch an den Wochenenden, gut markierte Wanderwege von 5, 10 und 20 Kilometern Länge an.

Jogger halten beim Laufen ungern eine Leine in der Hand. In Geschäften für Jägerbedarf und im Hundezubehör-Fachhandel werden bequeme Umhängeleinen und Gürtelleinen angeboten. Damit kann dieser Sport auch mit einem Hund, der zum Abhauen neigt, problemlos betrieben werden.

Neben dem **Rad** laufen zahlreiche Hunderassen gut mit. Nur für einen zu massigen Hund oder einen mit kurzen Beinchen sollten Sie sich nicht entscheiden. Für „Leinenhunde" werden Kleinmetall-Fahrrad-Leinenhalter (Bike-Trainer) angeboten, an denen die Leine befestigt wird. Junge Tiere werden auf sehr kurzen Strecken darauf trainiert, an der rechten Seite des Rades zu laufen, damit sie später im Straßenverkehr für sich und andere kei-

Rhodesian Ridgebacks sind wunderbare Reitbegleiter.

ne Gefahr darstellen. Erst mit dem ausgewachsenen und gehorsamen Hund können Sie nach und nach die Strecken verlängern. Passen Sie bitte hierbei das Tempo dem trabenden Hund an. Schnellere Gangarten hält er nicht unbegrenzt durch. Neben asphaltierten Wegen sollten Sie Feld- und Waldwege mit einbinden, damit die Pfotenballen nicht wund werden.

Sie sind **Reiter**? Zum Beispiel Dalmatiner, Pinscher, Schnauzer, Australian Cattle Dog, Rhodesian Ridgeback, Border Collie, Setter oder Retriever begleiten Sie mit Vergnügen, wenn sie vom Welpenalter an engen Kontakt mit Pferden hatten.

Denken Sie bei allen Aktivitäten an das Thermometer. An sehr warmen oder gar heißen Sommertagen können Sie Frühsport ansetzen, lassen ansonsten aber Ihren Hund lieber ruhen.

Hundesport

Professionelle Hundeschulen bieten verschiedene Sportarten an, von denen ich einige kurz vorstellen möchte. Aufbauend auf gut absolviertem Grundgehorsam begleiten geschulte Trainer das Mensch-Hund-Team von den ersten Schritten bis hin zu Wettbewerben.

Agility: Ein Parcours aus 10 bis 20 Hindernissen wird von Hund und Führer durchlaufen: Slalom, Brücke, Wippe, Reifen, Tunnel, verschiedene Hürdensprünge. Der Hund nimmt diese Hindernisse auf genaue Anweisung des Führers und beide versuchen, eine gute Zeit zu erreichen. Nur gesunde, erwachsene Hunde nehmen teil. Für Rassen mit langem Rücken wie Dackel, Bassets oder Corgis ist dieser Sport ungeeignet. Bei großen Hunden muss vor Aufnahme des Trainings die HD-Freiheit geklärt sein.

Dogdancing: Menschen mit Rhythmusgefühl und Ideen für Choreografien sind hier bestens aufgehoben. Agile Hunde lernen zunächst Tricks: Rolle, Rückwärtsgehen, Slalom durch die Beine des gehenden Menschen, Sprünge durch die rund gehaltenen Arme und über einen Arm oder ein Bein, Auf-den-Hinterpfoten-Stehen, Winken, Verbeugen und vieles mehr. Ist das Erlernte gefestigt und der Hund reagiert auf kleinste Zeichen, werden die Tricks in Musik „eingepackt“. Ein fließender Tanz mit dem Hund entsteht.

Mobility: Unsere Umwelt hält für Hunde allerhand Erschreckendes parat. Beim Mobility lernen vor allem junge Hunde das Gehen über Gitterroste, knirschende Plastikflächen, durch dunkle Tunnel, fliegende Luftballons und über wackligen Untergrund.

Fährtenlesen: Jagdliche Schnüffelexperten, die nicht in Jägerhand sind, brauchen möglichst einmal pro Woche richtige Nasenarbeit. In Kursen können Sie lernen, wie Fährten gezogen und getupft werden und wie Sie Ihren Hund führen müssen. Später sind Sie in der Lage, auf Wiesen oder Feldwegen in Ihrer Umgebung diese Arbeit für Ihren Hund ohne Hilfe vorzubereiten.

Flyball: Vier Hürden stehen mit gleichem Abstand in gerader Linie hintereinander. Der Hund überspringt sie und steht am Ende vor der Ballmaschine. Er betätigt eine breite Taste und ein Ball fliegt heraus. Mit gekonntem Sprung fängt er den Ball, zurück geht es über die Hürden, die Beute wird dem Chef übergeben und der nächste Hund der Staffel startet. Inzwischen erfreuen Mannschaftsturniere immer mehr Zuschauer.

Obedience: Das ist die Hohe Schule des Gehorsams für unterordnungswillige Hunde. Hier geht es zum Beispiel um das Folgen mit und ohne Leine, Sitz und Platz beim Besitzer und auf Entfernung, Positionswechsel auf Distanz, Bleib und Abrufen, Apportieren, Geruchsidentifikation an vorbereiteten Hölzern (welches Hölzchen hatte Herrchen/Frauchen in der Hand?). Den Hundeführern wird keine Sportlichkeit abverlangt. Deshalb ist Obedience auch für ältere und behinderte Menschen geeignet.

Windhundrennen: Die Sichtjäger starten aus einer Box und rennen einem künstlichen Hasen nach, der von einer Maschine bewegt wird. Hier kommt es allein auf die Geschwindigkeit an, der Schnellste gewinnt. Starten dürfen Windhunde ab einem Alter von 18 Monaten.

Agility ist ein toller Spaß für große und kleine Energiebündel.

Korrektes Apportieren ist beim Obedience gefragt.

Coursing: Auf einer großen Wiese befindet sich eine Jagdstrecke für Windhunde. Mit Umlenkrollen wird die Hasenattrappe kreuz und quer bewegt, wie ein Haken schlagender echter Hase. Es gewinnt der Hund mit dem besten Jagdverhalten.

Hundeschlittenrennen: Die Mitgliedsvereine der Schlittenhundesportverbände organisieren Kurzstreckenrennen, je nach Erfordernissen mit unterschiedlich gebauten Schlitten.

Wagenziehen: Vor allem in der Schweiz, aber mittlerweile auch in anderen Ländern werden Zughundeschulungen angeboten. Kräftige, ausdauernde erwachsene Hunde können daran teilnehmen. Die Widerristhöhe soll mindestens 50 Zentimeter erreichen. Vor dem Training muss der Tierarzt gesunde Gelenke und Muskeln attestieren. Der Hund wird ans Geschirr gewöhnt und zieht zunächst einen Karrenreifen auf kurzen Spazierwegen hinter sich her. Nach und nach führt man ihn ohne Zwang an leichte und schwerere Karren heran. Die Arbeitsfreude des Zughundes muss immer im Vordergrund stehen. Niemals sollte diese Arbeit bei Temperaturen über 20 Grad ausgeführt werden.

Hunde **live**

Welpen sind immer charmant und niedlich. Nur geht diese Zeit sehr schnell vorbei. Schauen Sie sich deshalb vor allem erwachsene Tiere an, und zwar nicht nur in Büchern. Um Hunde live zu erleben, können Sie Ausstellungen besuchen. Orte und Termine erfahren Sie bei den Hundeverbänden und -klubs.

In Hundeschulen werden Sie zwar nicht mit so vielen Rassen zusammentreffen, doch gewinnen Sie einen guten Eindruck von einigen Hunden, können Fragen an Besitzer und Trainer stellen und erleben das Verhalten der Vierbeiner aus nächster Nähe.

Rüde oder Hündin?

Oft entscheidet hier das Bauchgefühl. Hündinnen sind lieber als Rüden, heißt es oft. Stimmt nicht – das ist individuell verschieden. Es gibt auch schmusige Rüden und zickige Hündinnen.

Leben in Ihrer Nachbarschaft überwiegend Hündinnen? Dann wäre eine Entscheidung für einen Rüden nicht vorteilhaft. Eine Hündin nach der anderen wird läufig und Sie haben einen liebeskranken Hund daheim, der nicht fressen will und Tag und Nacht vor Sehnsucht heult. Eine Kastration hilft nicht unbedingt. Ich persönlich halte Operationen bei gesunden Hunden, nur um sie „anzupassen", ohnehin für bedauerlich.

Entscheiden Sie sich für eine Hündin, müssen Sie sich auf ihren biologischen Rhythmus einstellen, auf die Hitze (Läufigkeit), die erstmals zwischen dem 6. und 20. Lebensmonat und ab dann ein- bis zweimal pro Jahr auftritt. Während der Hitze muss eine Hündin angeleint laufen. Sie wird sich sonst einen Galan suchen. Frei laufende Rüden werden sich der heißen Hündin natürlich nähern. Entweder meiden Sie in dieser Zeit hoch frequentierte Wege oder Sie treten dem Rüden energisch entgegen, bis der Besitzer mit der Leine bei Ihnen auftaucht. Vertrauen Sie nicht auf Sprays, die angeblich den Geruch der Hündin unterbinden. Instinktsichere Rüden halten Sie damit nicht auf Abstand.

Typisch Rüde – mit angehobenem Bein wird an Gegenstände uriniert, um eine Duftmarke zu hinterlassen.

Das Blut ist in den ersten Tagen dunkelrot. Falls Sie sich einen Sofahund wünschen, muss in dieser Zeit die Liegefläche mit einer Decke geschützt werden. Im Fachhandel gibt es zwar Hitzehöschen, aber die Hündin kann sich dann nicht sauber lecken. Und das möchte sie instinktiv tun.

Die heiße Phase dauert nur drei bis vier Wochen. Diese kurze Zeit können Sie bestimmt überbrücken. Die Kastration der Hündin, also die Entfernung von Gebärmutter und Eierstöcken, ist eine große Operation. Mögliche Nachteile: Das Haarkleid verändert sich, das Abhaaren vermehrt sich, Inkontinenz kann die Folge sein, das Gewicht lässt sich schwieriger unter Kontrolle bringen.

Rüden wollen übrigens das ganze Jahr über an jeder Ecke pinkeln und „heißen" Spuren folgen. So hat jedes Geschlecht ein Für und Wider. Doch alle Hundebesitzer, die ich kenne, kommen mit ihren heißen Hündinnen oder markierenden Rüden prima zurecht. Sie lieben sie so, wie sie sind.

Welpe oder erwachsener Hund?

Meine langjährige Erfahrung bei der Aufzucht von Beaglewelpen zeigte mir, dass die Kleinen mit acht Wochen sehr bereit für einen neuen Lebensabschnitt waren und die Hundemutter sich zu diesem Zeitpunkt problemloser von ihnen trennte als zu späteren Terminen. Neue Studien erklären heute, recht pauschal, die Abgabe ab der 10., 12. oder sogar 16. Woche für richtiger. Möglicherweise ist

Die Hundemutter kümmert sich beim guten Züchter circa acht Wochen lang um ihre Welpen, danach ist der neue Besitzer für das Wohl und die Erziehung seines kleinen Schützlings zuständig.

eine späte Abgabe für einige Hunderassen angebracht?! Doch aus meiner Praxis weiß ich, dass ich weder den Welpen noch der Hundemutter etwas Gutes damit getan hätte.

Die Instinkte aller Hunde gehen auf das Wolfserbe zurück. So auch das Verhalten der Mutter ihren Welpen gegenüber. Nach acht Wochen hat sie ihren Teil der Elternaufgaben erledigt und würde nun, wenn beim Züchter vorhanden, das Weitere dem Hundevater überlassen. Die Kleinen würden von ihm lernen, was Zusammenarbeit bedeutet.

Holen Sie Ihren Welpen zu diesem Zeitpunkt ab, übernehmen also sozusagen die Rolle des Hundevaters, verkraftet er die Trennung von der Mutter gut und zeigt große Lernbereitschaft. Sie haben die Chance, Ihren Vierbeiner gut zu prägen und zu erziehen.

Ein erwachsener Hund bringt hingegen eine Vorgeschichte mit, die nicht unbedingt günstig für ihn gewesen sein muss. Falsche Erziehung und gedankenlose Haltung wieder in richtige Bahnen zu lenken, gestaltet sich schwieriger, als alles von Anfang an zu formen. Doch mit Ruhe, viel Zeit und Einfühlungsvermögen gelingt auch das.

Manchmal suchen Scheidungshunde ein neues Zuhause, manchmal bringt ein Todesfall den Hund um sein Heim oder krankheitsbedingte Gründe lassen die Haltung nicht mehr zu. In diesen Fällen bekommen Sie in aller Regel einen Hund, der geliebt wurde, gut erzogen und stubenrein ist.

Was da wohl drinsteckt? Ein Mischling kann ein echtes Überraschungspaket sein.

Rassehund oder Mischling?

Entscheiden Sie sich für einen Rassehund, wissen Sie klipp und klar, wie er als erwachsener Hund aussehen wird. Größe, Gewicht, Fell und Eigenschaften sind bis auf kleine Abweichungen festgelegt. Das Ammenmärchen vom viel gesünderen Mischling ist immer noch verbreitet. Aber sicher können Sie sich vorstellen, dass ein Rüde mit epileptiformen Anfällen verpaart mit Nachbars nierenkranker Hündin auch nicht das Wahre ist. Gesunde Gene müssen von beiden Seiten im Welpen vereint werden, beim Rassehund wie auch beim Mischling.

Leider denkt so mancher Halter einer Hündin, sie müsse wenigstens einmal im Leben Mutter werden. Hier fehlen aber oft wichtige Voraussetzungen, um diese Idee erfolgreich umzusetzen. Es bedarf guter Kenntnisse über die Fütterung der Hündin während der Trächtigkeit und Aufzuchtzeit, über den Ablauf der Geburt, über die Entwicklung und Bedürfnisse der Welpen. Hierbei können schon so viele Dinge schieflaufen, dass der

Hütehund, Jagdhund oder ...? Mit welchem Hund man tatsächlich sein Leben teilen möchte, sollte wohlüberlegt sein.

Welpe ein Leben lang darunter zu leiden hat. Natürlich gibt es auch bei Einmalwürfen Menschen, die auf alles Wichtige achten. Ausnahmen bestätigen die Regel.

Ein verantwortungsvoller Züchter weiß, was er tut, angefangen von der Paarung bis hin zur Abgabe. Zahllose Rassehundwelpen kommen durch richtige Planung gesund auf die Welt.

Über rassespezifische Krankheiten sprechen Sie am besten vor Züchterkontakten mit einem Tierarzt. Er kann Ihnen genau sagen, worauf Sie bei Ihrer Auswahl achten sollten.

Rassequerschnitt

Ich kann Ihnen hier leider nicht 400 Rassen vorstellen. Nur in einer dicken Enzyklopädie ist das realisierbar. Einen Überblick über 60 populäre Rassehunde mit einer kurzen Beschreibung der Eigenschaften füge ich im Folgenden an. Größe und Gewicht liegen bei Hündinnen eher im unteren, bei Rüden im oberen angegebenen Bereich. Kommt eine der Rassen Ihren Vorstellungen sehr nah, finden Sie umfangreiche Informationen in einem entsprechenden Rasseratgeber.

Bei ausgesprochenen Arbeitshunden wie zum Beispiel Jagd- oder Hütehunden gibt es häufig zwei verschiedene Zuchtlinien: die Leistungszucht und die Showzucht. Auf einen Hund aus einer Leistungslinie sollten Sie besser verzichten, wenn Sie sich nicht ganz sicher sind, dass er seinen „Beruf" bei Ihnen tatsächlich ausüben kann.

Erklärung zu den Beschreibungen

Nicht jeder Hund ist ein typischer Vertreter seiner Rasse. Auch bei Rassen, die sich wie der Wolfsspitz in aller Regel eng an Haus und Hof gebunden fühlen, können einzelne Tiere mal anders gestrickt sein und doch streunen. Es wird immer Individuen geben, die nicht ins Schema passen und damit auch nicht zu meiner Beschreibung. Die hier vorgestellten Wesenseigenschaften beziehen sich auf den Durchschnitt der Rasse. Bei völlig falscher Haltung kann auch ein Bearded Collie, Leonberger oder Beagle ein weniger gutartiges Wesen zeigen.

Die Rassen sind alphabetisch geordnet. Für eine bessere Orientierung finden Sie bei jedem Hund Symbole, die zeigen, zu welchem der im Kapitel „Hundetypen" beschriebenen Typen er gehört. Einige Punkte, die für das Alltagsleben besonders interessant sind, habe ich mithilfe eines Punktesystems bewertet:

➲ Fellpflege:
pflegeleicht (★) bis *intensiv* (★ ★ ★ ★ ★)

Kurzes Fell ist einmal pro Woche schnell gebürstet und nach Spaziergängen im Regen fix abgetrocknet. Muss das Fell nur ab und zu getrimmt werden, bezeichne ich auch das als pflegeleicht, da Sie es meistens nicht selbst machen werden. Doch bekommt diese Kategorie für den Aufwand, den Salon aufzusuchen, einen Punkt mehr als die Pflege bei Kurzhaarrassen. Getrimmtes Fell haart kaum oder gar nicht, muss aber auch gekämmt werden, damit es nicht verfilzt.

Langes Fell hält meistens den Schmutz nach jedem Spaziergang fest. Das Kämmen und Bürsten dauert länger und muss häufiger erledigt werden.

➲ Erziehung:
einfach (★) bis *schwierig* (★ ★ ★ ★ ★)

Jeder Hund, egal ob Rottweiler oder Yorkshire Terrier, braucht eine stabile Führung. Wird ein Hund nur verzärtelt oder nur gedrillt und wird ihm außer Spaziergängen nichts geboten, kann selbst ein leicht erziehbarer Bichon zum Tyrannen werden. Wenn ich die Erziehung als schwierig einstufe, meine ich damit nicht „unmöglich", sondern lediglich, dass hier Erfahrung mit der Hundeerziehung von Vorteil ist. Aber auch ein durchsetzungsfähiger Anfänger, der sich in Welpen-, Junghund- und Aufbaukursen in professionellen Hundeschulen unterstützen lässt, kann durchaus Herr der Lage werden.

➲ Jagdtrieb:
wenig (★) bis *viel* (★ ★ ★ ★ ★)

In jedem Hund steckt ein Jäger. Nur reicht es einigen aus, ab und zu ein Bällchen zu verfolgen, während andere auf weiter Flur den unbändigen Drang zu hetzen verspüren oder Fährten kilometerweit und auch tagelang verfolgen. Sehen Sie in der Bewertung „nur" 3 Punkte, heißt das übrigens nicht, dass dieser Hund kein guter Jagdhund ist, sondern nur, dass der Trieb gut beherrschbar bleibt.

➲ Bewegung/Beschäftigung:
wenig (★) bis *sehr viel* (★ ★ ★ ★ ★)

Dreimal täglich einen Spaziergang brauchen sowohl der gemächliche Berner Sennenhund als auch der bewegungsfreudige Dalmatiner. Nur sind die Strecken und das Tempo je nach Hund sehr unterschiedlich.

Hundesport, Tricks erlernen und/oder Fährtenarbeit verlangen einige Rassen zusätzlich, um sich zufrieden zu fühlen. An den Punkten erkennen Sie, ob der Hund ein niedriges oder hohes tägliches Bewegungs- und Beschäftigungsbedürfnis besitzt.

➲ Schutz- und Wachinstinkt:
gar nicht (★) bis *stark* (★ ★ ★ ★ ★)

Stark: Ruhige Menschen mit Durchsetzungs- und Führungskraft, die über fundierte Kenntnisse der Verhaltensweisen dieser Hunde verfügen, sind hier als Halter gefragt.

Gar nicht: Es gibt einige Hunde, die absolut freundlich sind und auch menschliche „Eindringlinge" nicht als Gefahr betrachten.

(Foto: Tierfotoagentur.de/Richter)

Der „König der Terrier" verdankt seinen Namen einem Flusstal in England.

Airedale Terrier

- Größe: 56–61 cm
- Gewicht: 22–30 kg
- Fell: dichtes Drahthaar (trimmen)
- Fellpflege: ★★
- Erziehung: ★★
- Jagdtrieb: ★★
- Bewegung/Beschäftigung: ★★★★
- Schutz- und Wachinstinkt: ★★★

Durch ein Tal in Yorkshire schlängelt sich der Fluss Aire. Dieser Region verdankt der „König der Terrier" seinen Namen. Zu seinen Ahnen zählen verschiedene Terrier, der Otterhound, der ihm die Wasserfreude gab, und der schwarz-braune Collie, der ihm den Schutz- und Wachinstinkt und die Farbe vererbte. Seine Verlässlichkeit, Anpassungsfähigkeit, Arbeitsfreude, Belastbarkeit, sein Mut und seine Robustheit ließen ihn im Polizeidienst und während der Weltkriege in der Armee zu einem geschätzten Helfer werden.

Australian Cattle Dog

- Größe: 43–51 cm
- Gewicht: 16–20 kg
- Fell: hart, kurz, dicht
- Fellpflege: ★
- Erziehung: ★★★★
- Jagdtrieb: ★★★
- Bewegung/Beschäftigung: ★★★★★
- Schutz- und Wachinstinkt: ★★★

Für ihre halbwilden Rinderherden holten australische Siedler Treibhunde aus Europa, die sie durch verschiedene Einkreuzungen an die Bedingungen in ihrem Land anpassten. Die wendigen, schnellen Hunde treiben stumm und über lange Strecken, auch bei hohen Temperaturen, zuverlässig Rinder. Fremden Hunden gegenüber zeigt sich der Cattle Dog (Cattle = Vieh) oft dominant und geht einer Kampfaufforderung nicht aus dem Weg. Er gehorcht nur mental starken Menschen, die ihm ohne Druck sicher den Weg weisen. Dann ist er ein toller Partner, der immer dicht bei seinem Menschen zu finden ist. Er lässt sich für allerlei Hundesport begeistern und ist ein ausdauernder Reitbegleiter.

Cattle Dogs sind tolle Partner für aktive Menschen mit Führungsqualitäten.

(Foto: Tierfotoagentur.de/Richter)

Australian Shepherds brauchen eine Aufgabe, um glücklich zu sein.

Australian Shepherd

- Größe: 46–58 cm
- Gewicht: 16–32 kg
- Fell: mittellang, leicht gewellt
- Fellpflege: ★★★
- Erziehung: ★★
- Jagdtrieb: ★★★
- Bewegung/Beschäftigung: ★★★★★
- Schutz- und Wachinstinkt: ★★★

Der Ursprung dieser Rasse liegt in Nordamerika. Von dort gelangten die Hunde nach Australien, wo sie pflichteifrig Merinoschafe hüteten.
Der „Aussie" muss arbeiten können, damit er weder streunt noch trübselig wird. Im Hundesport und auch als Rettungshund bewährt er sich fabelhaft. Fremden gegenüber verhält er sich distanziert, aber nicht aggressiv.
Manchmal trifft man auf Australian Shepherds mit Stummelruten. Doch nicht immer wurde dann das Kupierverbot umgangen. Manche Hunde dieser Rasse werden so geboren.

Basenji

- Größe: 40–43 cm
- Gewicht: ca. 11 kg
- Fell: kurz, dicht, sehr fein
- Fellpflege: ★
- Erziehung: ★★★★
- Jagdtrieb: ★★★★★
- Bewegung/Beschäftigung: ★★★★
- Schutz- und Wachinstinkt: ★

Eine englische Züchterin importierte 1936 diese uralte Rasse aus dem Kongo und nannte sie Basenji (Buschhund). Dieser stolze Afrikaner putzt sich wie eine Katze. Er riecht nicht nach Hund und kann nicht bellen (ist nicht stumm!). Kalte Temperaturen bremsen seine sonst sehr starke Aktivität. Basenjis brauchen Nasenarbeit: Leckerchen im Haus und im Garten verstecken und suchen lassen. Weite Spaziergänge in wechselnden Gebieten lasten die Nase ebenfalls gut aus. Für Hundesport sind sie wenig geeignet. Ein ausbruchsicherer Garten zum Toben, am liebsten mit einem Basenji-Kumpel, wird ihnen gerecht. Hündinnen werden nur einmal im Jahr läufig.

Basenjis sind ungewöhnliche Hunde. Sie haben keinen typischen Hundegeruch und können nicht bellen.

(Foto: Tierfotoagentur.de/Traumfoto)

Beagle

· Größe: 33–40 cm
· Gewicht: 12–18 kg
· Fell: kurz, dicht
· Fellpflege: ★
· Erziehung: ★ ★ ★
· Jagdtrieb: ★ ★ ★ ★ ★
· Bewegung/Beschäftigung: ★ ★ ★ ★ ★
· Schutz- und Wachinstinkt: ★

Die Rasse entstand etwa Anfang des 15. Jahrhunderts in England aus französischen Laufhunden. Zuchtziele waren eine feine Nase, Spurwille, Spurlaut, Wendigkeit und ein sehr gutes Sozialverhalten. Vorwiegend wurden Beaglemeuten bei der Hasenjagd zu Fuß eingesetzt, wobei die Hunde oft weit vor den Jägern selbstständig arbeiteten. Abwechslungsreiche Wanderungen und Fährtenarbeit sind für sie das Größte. Im sicher eingezäunten Garten lernen sie gern und schnell. Sie begrüßen jeden Besucher fröhlich und spielen vergnügt mit jedem Menschen.

Der Beagle, ein leidenschaftlicher Jäger, aber auch ein wunderbarer Familienhund.

(Foto: Jürgen von Seggern)

(Foto: Dr. Richard Maurer)

Die liebenswürdigen Bearded Collies stecken voller Energie.

Bearded Collie

· Größe: 51–56 cm
· Gewicht: 18–28 kg
· Fell: mittellang, harsch, glatt
· Fellpflege: ★ ★ ★ ★ ★
· Erziehung: ★
· Jagdtrieb: ★ ★
· Bewegung/Beschäftigung: ★ ★ ★ ★ ★
· Schutz- und Wachinstinkt: ★ ★

Hunde aus Polen und Ungarn wurden mit schottischen Hütehunden gekreuzt, woraus ein freundliches Energiebündel mit großem Arbeitswillen entstand. Beardies reagieren äußerst gut auf Handzeichen und lernen leicht und schnell. Sind sie allerdings unterfordert, gestalten sie Garten oder Wohnung um oder werden zu Kläffern. Unternehmungslustigen, lauffreudigen, ausgeglichenen Menschen, die nicht allzu viel Wert auf eine immer reinliche Wohnung legen, beschert dieser Collie Lebensfreude pur.

Berner Sennenhund

· Größe: 58–70 cm
· Gewicht: 35–55 kg
· Fell: lang, dicht
· Fellpflege: ★★★
· Erziehung: ★
· Jagdtrieb: ★
· Bewegung/Beschäftigung: ★
· Schutz- und Wachinstinkt: ★★★

Einige von den Römern im Kanton Bern zurückgelassenen Hunde sind die Ahnen des Berner Sennenhundes. Sie bewachten Haus und Hof, zogen Karren zum Markt und benahmen sich verträglich und anhänglich.
Bei kühleren Temperaturen fühlt der Berner Sennenhund sich am wohlsten, im Sommer sind kurze Spaziergänge und viel Ruhe angesagt. Für Hundesport ist er kaum geeignet, da er weder wendig noch schnell ist. Dafür wird er aber gern mal einen leichten Wagen ziehen.

Mit ihrem dichten Fell fühlen sich Berner Sennenhunde bei kühlen Temperaturen wohl.

(Foto: Tierfotoagentur.de/Richter)

Der Bichon Frisé ist ein fröhlicher Begleiter für alle Lebenssituationen.

Bichon Frisé

· Größe: 25–30 cm
· Gewicht: 5–7 kg
· Fell: dünn, seidig, gekräuselt
· Fellpflege: ★★★
· Erziehung: ★
· Jagdtrieb: ★
· Bewegung/Beschäftigung: ★
· Schutz- und Wachinstinkt: ★

Von den Kanarischen Inseln kam dieser treuherzige Kleinhund aufs europäische Festland und bekam dort seinen Namen: „Gekräuselter Schoßhund“. Spielfreudig und immer gut gelaunt schließt er sich eng an seine Familie an. Bei regelmäßigem Auslauf und Spiel fühlt er sich auch in kleinen Wohnungen wohl, doch muss besonders in Mietshäusern seine Bellfreude von Anfang an kontrolliert werden. Er ist mit Artgenossen und anderen Haustieren in der Regel sehr verträglich.

Bobtail

· Größe: 56–61+ cm
· Gewicht: 30–40+ kg
· Fell: üppig, lang, dicht (wer keine Ausstellungen besucht, schert das Fell und minimiert damit den Pflegeaufwand)
· Fellpflege: ★★★★★ (geschoren) ★★
· Erziehung: ★★★★
· Jagdtrieb: ★★
· Bewegung/Beschäftigung: ★★★★
· Schutz- und Wachinstinkt: ★★★★

Experten sind sich nicht einig über die Herkunft. Der offizielle Name „Old English Sheepdog" verwirrt, da diese Rasse weder alt ist noch aus England stammt. Wahrscheinlich besteht Verwandtschaft mit dem Bergamasker (italienischer Herdenschutzhund) und schweren Hütehunden aus Europa. „Bobtail" ist ein Spitzname und bedeutet „Stummelschwanz".

Er ist von ganzem Herzen ein Hütehund! Trennt sich seine Familie auf den für ihn wichtigen ausgedehnten Spaziergängen, versucht er, sie wieder zusammenzuführen, damit er seine „Herde" zuverlässig beschützen kann. Zu Hause braucht er viel Platz. Für die Stadt ist er nicht geeignet. Er bleibt ein verspieltes Energiebündel bis ins hohe Alter.

Das lange Fell des Bobtails ist sehr pflegeintensiv.

Border Collies sind anspruchsvolle Powerpakete.

Border Collie

· Größe: Idealhöhe bei Rüden 53 cm, bei Hündinnen etwas weniger
· Gewicht: 14–20 kg
· Fell: kurz oder mittellang
· Fellpflege: (kurz) ★ (mittellang) ★★★
· Erziehung: ★★
· Jagdtrieb: ★★
· Bewegung/Beschäftigung: ★★★★★
· Schutz- und Wachinstinkt: ★

Aus dem Grenzgebiet (border country) zwischen Schottland und England stammt dieser intelligente, leichtführige Collie. Er lenkt seine Herde hauptsächlich mit Blicken, was kaum ein anderer Hütehund vermag. Seine Klugheit und Arbeitsfreude stellen hohe Ansprüche an seine Besitzer. Erinnern Sie sich an Rico, der in der Fernsehsendung „Wetten, dass …?" aus einer großen Auswahl immer genau das von Frauchen gewünschte Spielzeug brachte? Sehr aktive Menschen mit viel Zeit passen zu dem Powerpaket. Wird man seinen Ansprüchen nicht gerecht, sind oft Verhaltensstörungen die Folge.

Border Terrier

· Größe: circa 32–37 cm
· Gewicht: 5–7 kg
· Fell: drahtig, harsch, kurz (trimmen)
· Fellpflege: ★★
· Erziehung: ★★
· Jagdtrieb: ★★★★
· Bewegung/Beschäftigung: ★★★★
· Schutz- und Wachinstinkt: ★★

Aus verschiedenen Terrierschlägen züchtete man im Hügelland zwischen England und Schottland einen kleinen, widerstandsfähigen, mutigen Hund, der durch dichtes Gestrüpp und enge steinige Wege gehen konnte, um dem Jäger den Fuchs vor die Flinte zu treiben.

Dank seiner sozialen, spielfreudigen Natur empfiehlt er sich heute auch als Familienhund. Zu Hause wird ihm ein sicher umzäunter Garten gerecht, in dem er am liebsten mit einem weiteren Border Terrier herumtoben möchte. Eine sehr robuste Rasse, die bis zu 18 Jahre alt werden kann.

Border Terrier leben am liebsten mit Artgenossen zusammen.

Multitalent Briard: Er ist zugleich Hüte- und Herdenschutzhund.

Briard

· Größe: 56–68 cm
· Gewicht: 30–40 kg
· Fell: lang, leicht gewellt
· Fellpflege: ★★★★★
· Erziehung: ★★★★★
· Jagdtrieb: ★
· Bewegung/Beschäftigung: ★★★
· Schutz- und Wachinstinkt: ★★★★★

Vor etwa 200 Jahren wünschten sich Herdenbesitzer einen Hund, der die Herde schützte, aber gleichzeitig auch hüten und treiben konnte. Aus wehrhaften Hunden und Hütehunden züchtete man in Frankreich den Briard, auch Berger de Brie genannt, nach der Gegend östlich von Paris.
Der Briard ist ein ausgeglichener, sehr temperamentvoller, furchtloser Hund, der eigenständig Haus, Hof und Familie schützt. Fremden gegenüber ist er misstrauisch, begegnet aber Freunden des Hauses freundlich. Trotz seiner Größe bewegt er sich leicht und schnell. Sein Gang erinnert an die Bewegungen einer Raubkatze.

Cairn Terrier

- Größe: 28–31 cm
- Gewicht: 6–7,5 kg
- Fell: rau, drahtig (trimmen)
- Fellpflege: ★★
- Erziehung: ★★
- Jagdtrieb: ★★★★
- Bewegung/Beschäftigung: ★★
- Schutz- und Wachinstinkt: ★★

Ein Abkömmling der alten schottischen Jagdterrier ist der Cairn Terrier. „Carn“, aus dem Gälischen, bedeutete Steinhaufen. Später bildete sich daraus das Wort „Cairn“. Um ihre Gebiete abzugrenzen, ließen Gutsherren Steinwälle errichten, die Füchse, Dachse und Otter als Wohnsitz annahmen. Der Cairn Terrier fand sie dort auf jeden Fall und tötete sie. Die Großgrundbesitzer hielten ganze Meuten dieser kleinen Jäger, um das „Raubzeug“ fernzuhalten. Als Meutehunde sind die Cairn Terrier sehr verträglich und raufen nicht mit Artgenossen wie so manch anderer Terrier. Aber wie alle Terrier buddeln sie mit dem größten Vergnügen und lassen dabei auch keinen Zierrasen aus.

Ein sportlicher Begleiter in handlichem Format ist der Cairn Terrier.

Die charmanten „Cavaliere“ lebten früher am englischen Königshof.

Cavalier King Charles Spaniel

- Größe: 32–34 cm
- Gewicht: 5,5–8 kg
- Fell: lang, üppig, seidig
- Fellpflege: ★★★
- Erziehung: ★
- Jagdtrieb: ★
- Bewegung/Beschäftigung: ★★
- Schutz- und Wachinstinkt: ★

Die Rasse unterscheidet sich vom King Charles Spaniel durch einen ausgeprägteren Fang, eine längere Nase und etwas mehr Größe. Der Cavalier King Charles Spaniel wurde nicht für eine bestimmte Aufgabe gezüchtet. Er sollte vor allem der ideale Begleiter sein. Anpassungsfähigkeit, Charme, Fröhlichkeit und Friedfertigkeit vereint er auf sich.

Folgsam und treu bereitet er vielen Menschen Freude, und er liebt vor allem Spielapport und Spaziergänge, die auch gern länger ausfallen dürfen.

Chow Chow

- Größe: 46–56 cm
- Gewicht: 20–30 kg
- Fell: lang, spitzartig abstehend oder kurz, plüschig
- Fellpflege: (kurz) ★ (lang) ★ ★ ★ ★ ★
- Erziehung: ★ ★ ★ ★
- Jagdtrieb: ★ ★ ★
- Bewegung/Beschäftigung: ★
- Schutz- und Wachinstinkt: ★ ★ ★ ★ ★

Unter den Ahnen des eigenwilligen Hundes finden wir nordische Spitze und tibetanische Mastifftypen. Über tausend Jahre lebte der Chow Chow, bedingt durch die politische Absonderung, nur in China, wo er als Wach- und Karrenhund und nicht zuletzt leider als Braten geschätzt wurde. Erst nach der Kulturrevolution nahmen ihn Seeleute mit in andere Länder. Ein Merkmal unterscheidet ihn von allen anderen Hunden: Zunge, Gaumen und Lefzen sind blau.

Der Chow Chow gehorcht nur einem Menschen zuverlässig, den er sich als Chef aussucht. Fremden tritt er distanziert gegenüber. Er ist ein ruhiger Hund und nicht verspielt. An schwülen Sommertagen fühlt er sich unwohl, möchte seine Ruhe haben oder schwimmen.

Markenzeichen des Chow Chow ist die blaue Zunge.

Collies sind treue Familienhunde, brauchen aber viel Beschäftigung.

Collie

- Größe: 51–61 cm
- Gewicht: 25–30 kg
- Fell: lang, dicht, üppig und glatt oder kurz, hart
- Fellpflege: (kurz) ★ (lang) ★ ★ ★ ★ ★
- Erziehung: ★ ★ ★
- Jagdtrieb: ★ ★
- Bewegung/Beschäftigung: ★ ★ ★ ★
- Schutz- und Wachinstinkt: ★ ★ ★ ★

Dieser Arbeitshund wurde nicht zuletzt durch das Interesse von Königin Viktoria zum Modehund. Züchter veränderten sein Äußeres, um dem Auge der Käufer entgegenzukommen. Vermutlich brachte der Barsoi (Windhund) ihm den schmalen Kopf, und Setter und andere Hunde sorgten für üppigeres Haarkleid.

Gehorchen fällt ihm leicht. Er ist seiner Familie treu und brav ergeben, doch Besucher, auch fremde Kinder, müssen ihm als „Freunde“ vorgestellt werden, damit er sie akzeptiert. Störend kann sich bei nahen Nachbarn seine Bellfreude auswirken.

Dackel gibt es in drei Haarvarianten – hier ein Rauhaardackel.

Dackel

- Größe (Brustumfang): 30 cm (Kaninchendackel) bis 35 cm (Zwergdackel) über 35 cm (Normalschlag)
- Gewicht: 5–10 kg
- Fell: rauhaarig, kurz und glatt, lang und seidig
- Fellpflege: (rau, kurz) ★ (lang) ★ ★
- Erziehung: ★ ★ ★
- Jagdtrieb: ★ ★ ★ ★ ★
- Bewegung/Beschäftigung: ★ ★ ★
- Schutz- und Wachinstinkt: ★ ★

Dackel, auch Teckel oder Dachshunde genannt, sind mutig und wehrhaft. Sie wurden vor allem für die Baujagd (Fuchs, Dachs) gezüchtet. Um mit dem häufig sehr eigensinnigen Wesen zurechtzukommen und für artgerechte Beschäftigung sorgen zu können, empfehle ich, Erziehungs- und Beschäftigungskurse des Deutschen Teckelklubs zu belegen.

Maulwürfe haben nicht nur in Terriernähe, sondern auch in Reichweite eines Dackels schlechte Karten. Blumenbeete im Garten gestaltet er kreativ um. Trotzdem bereiten diese kleinen Draufgänger ihren Besitzern mit Spiel- und Schmusezeiten viel Freude.

Dalmatiner

- Größe: 54–61 cm
- Gewicht: 24–32 kg
- Fell: kurz, dicht
- Fellpflege: ★
- Erziehung: ★
- Jagdtrieb: ★
- Bewegung/Beschäftigung: ★ ★ ★ ★ ★
- Schutz- und Wachinstinkt: ★ ★ ★

Über die Entwicklung des Dalmatiners existieren vielfältige, völlig unterschiedliche Berichte. Als Kutschenbegleithund in England machte er sich im 19. Jahrhundert einen Namen. Die Zuchtziele waren vor allem: Wendigkeit, Schnelligkeit, große Ausdauer, Gehorsam, keine Nervosität, keine Aggression, aber dennoch Wachsamkeit, Verträglichkeit mit Pferden.

Als Sofahund ist er völlig ungeeignet, verlangt er doch als erwachsener Hund aufgrund seiner enormen Ausdauer drei bis vier Stunden Auslauf am Tag. Neben einem trabenden Pferd läuft er stundenlang mit viel Elan. Diesem Hund macht alles Spaß, solange es mit Bewegung zu tun hat.

Mit viel Bewegung in der Natur wird man einem Dalmatiner gerecht.

Deutsche Doggen zählen zu den größten Hunderassen.

Deutsche Dogge

- Größe: 72–80 cm
- Gewicht: 50–85 kg
- Fell: kurz, glatt
- Fellpflege: ★
- Erziehung: ★ ★ ★
- Jagdtrieb: ★ ★
- Bewegung/Beschäftigung: ★ ★
- Schutz- und Wachinstinkt: ★ ★ ★ ★

Lange vor Christi Geburt entstanden aus asiatischen Giganten gefährliche Kriegshunde und Bullenbeißer. Doch schon im Mittelalter kreuzten achtbare Züchter friedliche Molosser ein, minderten Aggressionen und stellten gute Merkmale in den Vordergrund. Bei der Deutschen Dogge vereinigten sie einen harmonischen Körperbau mit sanftem Wesen und Anhänglichkeit. Verteidigungsbereit, doch mit sehr hoher Reizschwelle, zeigt sie sich, wenn ihren Menschen Gefahr droht. Toben möchte sie täglich auf großen Wiesen in freier Natur. Wegen des schnellen Wachstums muss die passende Portion Bewegung in den ersten drei Jahren im Auge behalten werden. Nicht zu viel, aber auch nicht zu wenig!

Deutscher Boxer

- Größe: 53–63 cm
- Gewicht: 25–32 kg
- Fell: kurz, glatt
- Fellpflege: ★
- Erziehung: ★ ★ ★
- Jagdtrieb: ★
- Bewegung/Beschäftigung: ★ ★ ★ ★
- Schutz- und Wachinstinkt: ★ ★ ★ ★ ★

Das Ursprungsland des Boxers ist Deutschland. Wegen seines bis ins hohe Alter anhaltenden, stark ausgeprägten Spieltriebs erhielt er wohl seinen Namen. Im Spiel mit Artgenossen neigt er nämlich dazu, sein Gegenüber tänzelnd wie ein Boxer anzuspringen und zu Boden zu werfen.

Ob er nun ein Rowdy oder ein Gentleman wird, hängt von der Erziehung ab. Seine Unterordnungsbereitschaft ist gut, muss aber von klein auf gefordert werden. Fremden begegnet er misstrauisch und beschützt seine Familie, besonders die Kinder, im Ernstfall furchtlos.

Bei konsequenter Erziehung wird ein Boxer ganz bestimmt zum Liebling der gesamten Familie.

Deutscher Schäferhund

- Größe: 55–65 cm
- Gewicht: 22–40 kg
- Fell: Stockhaar oder Langstockhaar
- Fellpflege: (kurz) ★★ (lang) ★★★★
- Erziehung: ★★★
- Jagdtrieb: ★★
- Bewegung/Beschäftigung: ★★★★★
- Schutz- und Wachinstinkt: ★★★★★

Rittmeister von Stephanitz, 1899 Gründer des „Vereins für Deutsche Schäferhunde", züchtete auf seinem Gut in Oberbayern DEN deutschen Hund. Nur kräftige, brave und leistungsstarke Hunde gingen in die Zucht. Kaum ein Hund lässt sich so gut führen und ist so vielseitig einsetzbar wie der Deutsche Schäferhund. Wie keine andere Rasse verbreitete er sich deshalb in kürzester Zeit weltweit.

Bei schlechter Haltung (Zwinger, sturer Drill, rückständige Übungsplätze) entwickeln sich nervöse, aggressive Schäferhunde. Diese Hunde bleiben ausgeglichen und gutartig, wenn ihnen neben viel Bewegung und abwechslungsreicher Arbeit Tag und Nacht enger Anschluss an die Familie geboten wird.

Abwechslungsreiche Beschäftigung und enger Familienanschluss sind Grundvoraussetzungen, damit sich der Deutsche Schäferhund wohlfühlt.

Nässe kann dem Spitz mit seinem dichten, wasserabweisenden Fell nichts anhaben.

Deutscher Spitz

- Größe: unter 22 cm (Zwergspitz) bis über 40 cm (Großspitz)
- Gewicht: unter 3 kg (Zwergspitz) bis 18 kg (Großspitz)
- Fell: üppig, lang, abstehend
- Fellpflege: ★★★
- Erziehung: ★
- Jagdtrieb: ★
- Bewegung/Beschäftigung: ★★★
- Schutz- und Wachinstinkt: ★★★★

Abkömmlinge nordischer Hütehunde fanden im Mittelalter ihren Platz in ganz Europa. Auf deutschen Bauernhöfen waren sie als Wachhunde, die Fremde sofort nachhaltig meldeten, sehr willkommen. Nur wetterunempfindliche Spitze, die kaum Jagdtrieb zeigten und nicht streunten, gingen weiter in die Zucht. Heute kennen wir vier Spitzvarianten, den Groß-, Mittel-, Klein- und Zwergspitz. Sie alle überzeugen durch ihre Bewegungs-, Spiel- und Lernfreude. Die kleineren Spitzvarianten sind allerdings auch recht bellfreudig. Hunde-„Miniaturen" weisen fast immer gesundheitliche Probleme auf. Das sollten Sie bei der Entscheidung für eine der Größenvarianten berücksichtigen.

Dobermann

· Größe: 63–72 cm
· Gewicht: 32–45 kg
· Fell: kurz, glatt
· Fellpflege: ★
· Erziehung: ★★★★
· Jagdtrieb: ★★
· Bewegung/Beschäftigung: ★★★★
· Schutz- und Wachinstinkt: ★★★★★

Louis Dobermann aus Apolda wollte sich und sein Grundstück durch einen scharfen Hund schützen. Durch mehrere Kreuzungen von Deutschem Schäferhund, Weimaraner, Greyhound, Manchester Terrier und Deutscher Dogge schuf er seinen Hund. Dieser war wendig, schnell, sehr wachsam und sehr angriffsbereit. Nach dem Tod von Herrn Dobermann leitete Otto Goeller die Zucht in vernünftige Bahnen.

Mit früher Sozialisierung auf Menschen und Hunde und konsequenter, spielerischer Erziehung wird dieser elegante, sportliche Hund zu einem folgsamen Partner der Familie. Seine Arbeitsfreude ließ ihn auch zum beliebten Diensthund bei Polizei, Zoll und Bundeswehr werden.

Der Dobermann ist ein eleganter Hund, der große Arbeitsfreude mitbringt.

(Foto: tierfotoagentur.de/Pfau)

Keine offizielle Rasse, aber eine eingetragene Marke – damit hat der Elo® eine Sonderstellung.

Elo®

· Größe: 35–45 cm (klein), 45–60 cm (groß)
· Gewicht: 10–15 kg (klein)
22–35 kg (groß)
· Fell: glatt oder rauhaarig, mittellang
· Fellpflege: ★★
· Erziehung: ★
· Jagdtrieb: ★
· Bewegung/Beschäftigung: ★★
· Schutz- und Wachinstinkt: ★★

Eine Besonderheit bei dieser Rasse, die es erst seit 1987 gibt, ist, dass sie noch nicht offiziell von der FCI anerkannt ist, aber von ihrem Begründer markenrechtlich geschützt wurde. Sie darf nur mit seiner Zustimmung gezüchtet werden.

Zuchtziel war von Anfang an ein instinktsicherer, folgsamer, freundlicher und gesunder Familienhund. Kreuzungen von Eurasier, Chow Chow und Bobtail bildeten die Grundlage. Später kam das Blut von Dalmatinern und Samojeden hinzu, bei den kleinen Elos® einige kleine Spitze und der Pekingese. Ein Elo® entfernt sich nicht eigenständig von Haus, Hof und Familie, lebt ruhig mit seinem Menschenrudel, spielt aber auch gern. Mit Artgenossen kommt er gut zurecht.

Der Jagdtrieb des English Cocker Spaniel ist in der Regel gut kontrollierbar.

English Cocker Spaniel

- Größe: 38–41 cm
- Gewicht: 12,5–14,5 kg
- Fell: mittellang, glatt, seidig
- Fellpflege: ★★★
- Erziehung: ★★
- Jagdtrieb: ★★★★
- Bewegung/Beschäftigung: ★★★
- Schutz- und Wachinstinkt: ★

Schon früh gab es in Europa Jagdhunde, die sich kriechend auf Federwild zubewegten und verharrten, um Jägern anzuzeigen, wo sie Erfolg mit ihren Falken oder Fangnetzen haben würden. Aus ihnen entstanden auch die modernen Spaniels. Trotz seines Jagdtriebs ist der Cocker lernfreudig, gehorsam und unterordnungswillig und gehorcht gut auf Spaziergängen. Seine Fröhlichkeit drückt er allerdings zu gern durch Bellfreude aus. Mit Spielapport, Schwimmen und langen Wanderungen wird man seiner Lebensfreude gerecht.

Entlebucher Sennenhund

- Größe: 42–52 cm
- Gewicht: 20–30 kg
- Fell: kurz, dicht, glatt, hart
- Fellpflege: ★
- Erziehung: ★★
- Jagdtrieb: ★★
- Bewegung/Beschäftigung: ★★★★★
- Schutz- und Wachinstinkt: ★★★★

Einer der vier Sennenhunde (Arbeitshunde für die Almwirtschaft) ist der Entlebucher. Er besitzt als Viehtreiber viel Mut, Energie und Selbstbewusstsein. Seine enorme Power passt nur zu sehr aktiven Menschen. Neben dem Hundesport zeigt er gute Eignung für die Ausbildung zum Lawinen- und Katastrophenhund. Wie alle Sennenhunde ist er typisch dreifarbig: schwarz, weiß und lohfarben. Bei Fremden bleibt er auf Distanz, Artgenossen gegenüber ist er freundlich. Seinen Menschen schließt er sich eng an. Wird ihm ein abwechslungsreiches Leben geboten, bleibt er folgsam. Er ist jedoch recht bellfreudig.

Auch der Entlebucher weist die für Sennenhunde typischen Farben auf.

Ein lebhafter und sehr selbstbewusster Begleiter, nicht nur für Jäger, ist der Foxterrier.

Foxterrier

- Größe: um die 39 cm
- Gewicht: 7–8 kg
- Fell: kurzes Glatthaar oder kurzes Drahthaar (trimmen)
- Fellpflege: (glatt) ★ ★ (drahthaarig) ★ ★
- Erziehung: ★
- Jagdtrieb: ★ ★ ★
- Bewegung/Beschäftigung: ★ ★ ★
- Schutz- und Wachinstinkt: ★ ★ ★

Das Stammland des Foxterriers (Fox = Fuchs, Terra = Erde) ist England. Man nimmt an, dass bei der Entstehung dieser Rasse auch Einkreuzungen von Schweißhunden und Windhunden eine Rolle spielten. Vor allem zeigte er seine Begabung bei der Baujagd auf den Fuchs. Doch kann er auch auf Drückjagden für Wildschweine eingesetzt werden. Er ist sehr selbstbewusst, spielfreudig, lebhaft, umgänglich und wachsam ohne Aggression. Mit anderen Hunden kommt er gut zurecht und spielt auch gern mit ihnen. Er liebt ausgedehnte Spaziergänge. Ist er müde und zufrieden, buddelt er deutlich weniger Löcher im Garten.

Französische Bulldogge

- Größe: bis 35 cm
- Gewicht: bis 14 kg
- Fell: kurz, glatt
- Fellpflege: ★
- Erziehung: ★
- Jagdtrieb: ★
- Bewegung/Beschäftigung: ★
- Schutz- und Wachinstinkt: ★ ★

Leinenweber in England entflammten Mitte des 19. Jahrhunderts für besonders kleine Hunde aus Bulldoggenwürfen. Als sie nach Frankreich auswanderten, nahmen sie ihre freundlichen Minis mit. Hier kam diese Rasse schnell bei der Arbeiterklasse in Mode und kurz danach auch in höheren Kreisen. Die kleinen Bullys mit den entzückenden Fledermausohren vereinen Kraft und Charme miteinander. Sie passen sich ihren Menschen an, spielen und laufen gern mit ihnen, genießen aber genauso das Faulenzen. Da sie nur Fremde kurz melden, sind sie auch für Stadtwohnungen gut geeignet. Allerdings sind Treppen nichts für kurze Läufe. Ein bisschen empfindlich reagieren die Bullys auf extreme Temperaturen.

Mit ihren „Fledermausohren“ und dem treuen Blick haben die charmanten Bullys schon so manches Herz erobert.

Golden Retriever

- Größe: 51–61 cm
- Gewicht: 30–40 kg
- Fell: glatt oder gewellt, mittellang, dicht, Wasser abstoßend
- Fellpflege: ★★★
- Erziehung: ★
- Jagdtrieb: ★★
- Bewegung/Beschäftigung: ★★★
- Schutz- und Wachinstinkt: ★

Britische Seeleute erlebten in Neufundland Wasserhunde bei der Arbeit. Ihr Apportiereifer in rauer See faszinierte sie, und sie nahmen einige dieser Hunde mit nach England. Dort fanden Verpaarungen mit wasserfreudigen Jagdhunden statt. Nach einigen Jahrzehnten entstand so der Golden Retriever.

Ihn zeichnen Arbeitseifer, Freundlichkeit gegenüber Menschen und gute Verträglichkeit mit Hunden aus. Seine liebste Beschäftigung ist und bleibt das Apportieren (to retrieve = zurückbringen), mit Vorliebe aus dem Wasser. Seine hohe Unterordnungsbereitschaft macht ihn zu einem wunderbaren Begleiter. Er ist auch ein toller Rettungs- oder Therapiehund.

Golden Retriever lieben das Wasser.

Gordon Setter sind echte „Naturburschen", ein Leben in der Stadt ist nichts für sie.

Gordon Setter

- Größe: 62–66 cm
- Gewicht: 25–30 kg
- Fell: mittellang, glatt
- Fellpflege: ★★★
- Erziehung: ★★
- Jagdtrieb: ★★★★
- Bewegung/Beschäftigung: ★★★★
- Schutz- und Wachinstinkt: ★★★

Der Duke of Gordon züchtete in Schottland aus Settern und einheimischen Hunden einen Jagdhund, der zu seinem Revier passte. Sicheres Vorstehen, Ausdauer und Anpassungsfähigkeit waren ihm wichtiger als Schnelligkeit. Ob steiniges Gelände, Stoppelfelder, Wald oder See, der Gordon Setter kam zurecht.

Durch sein freundliches Wesen ist er ein angenehmer Familienhund. Die Jagdpassion behält auch der Nichtjäger gut im Griff, wenn er dafür Kurse beim Gordon-Setter-Club (GSCD) oder bei Jagdgebrauchshundevereinen belegt.

Havaneser

- Größe: 21–29 cm
- Gewicht: 3,5–6 kg
- Fell: lang, weich, seidig, an den Spitzen leicht gelockt (Pflegeaufwand verringert sich, wenn das Haar geschnitten wird)
- Fellpflege: ★ ★ (★) weniger,
- Erziehung: ★
- Jagdtrieb: ★
- Bewegung/Beschäftigung: ★
- Schutz- und Wachinstinkt: ★

Unverkennbar ist der kleine Hund verwandt mit Bichon Frisé, Bologneser und Malteser. Er war auf kubanischen Landsitzen zu Hause. Seine Farbvielfalt unterscheidet ihn von den anderen Bichons. Er präsentiert sich drollig, neugierig, lebhaft und sehr anhänglich, spielt immer fröhlich und tollt unheimlich gern im Wasser herum. Als echter Clown lernt er leicht viele Tricks und wird dabei zum wahren Künstler. Seine Robustheit und Langlebigkeit sind weitere Pluspunkte. Er fühlt sich auch in Wohnungen wohl und kläfft nicht.

Der Havaneser fühlt sich auch in kleineren Wohnungen wohl.

Der Hovawart ist eine starke Persönlichkeit mit viel Temperament.

Hovawart

- Größe: 58–70 cm
- Gewicht: 30–40 kg
- Fell: lang, leicht gewellt
- Fellpflege: ★ ★ ★
- Erziehung: ★ ★ ★
- Jagdtrieb: ★
- Bewegung/Beschäftigung: ★ ★ ★ ★
- Schutz- und Wachinstinkt: ★ ★ ★ ★ ★

Der „Hofewart“ (Wächter des Hofes) wird schon in frühen Dokumenten erwähnt. Er durfte weder Lust zum Jagen noch zum Streunen zeigen. Witterungsunempfindlichkeit und Selbstbewusstsein waren weitere Merkmale.

Diese starke Persönlichkeit eignet sich nicht für inkonsequente, passive Menschen. Er braucht Aufgaben, um nicht abzustumpfen. Älteren Kindern, die nicht den Chef herauskehren, wird der Hovawart ein guter Kamerad sein. Mit anderen Haustieren versteht er sich. Trotz seiner Größe kommt Hüftgelenkdysplasie bei ihm selten vor.

Der athletische Irish Red Setter weiß durch guten Gehorsam und große Lernbereitschaft zu gefallen.

Irish Red Setter

· Größe: 55–67 cm
· Gewicht: 27–32 kg
· Fell: fein, glatt, flach anliegend, mäßig lang
· Fellpflege: ★ ★ ★
· Erziehung: ★ ★
· Jagdtrieb: ★ ★ ★
· Bewegung/Beschäftigung: ★ ★ ★ ★
· Schutz- und Wachinstinkt: ★

Die keltischen Siedler in Irland züchteten diesen Setter für die Jagd auf Federwild, besonders in Sumpfgebieten. In den Würfen gab es rote und rot-weiße Welpen. Heute ist das Fell satt kastanienbraun. Kleine weiße Zeichnungen im Haarkleid werden anerkannt.

Athletisch, elegant, wendig und mit hoher Lernbereitschaft und gutem Unterordnungswillen bezaubert der Setter seine Besitzer. Mit Vergnügen läuft er neben Radfahrern, Joggern und Reitern. Wird sein enormer Bewegungsdrang nicht beantwortet, neigt er allerdings zu vielfältigen Unarten. Darf er apportieren und laufen, bleibt die Erziehung einfach. Mit Artgenossen hat er keine Probleme. Für kleine Kinder könnte er zu ungestüm sein.

Irish Terrier

· Größe: 45,5–50 cm
· Gewicht: 12–17 kg
· Fell: rauhaarig, kurz (trimmen)
· Fellpflege: ★ ★
· Erziehung: ★ ★
· Jagdtrieb: ★ ★ ★
· Bewegung/Beschäftigung: ★ ★ ★
· Schutz- und Wachinstinkt: ★ ★ ★

Wie der Name schon sagt, kommt der Irish Terrier von der Grünen Insel Irland. Gebraucht wurde er dort für die Jagd und zur Rattenbekämpfung. Da ihn nichts erschrecken kann, setzte man ihn im Ersten Weltkrieg als Meldehund an der Front ein. Regelmäßiges Training verringert seine jagdlichen Gelüste. Früher Besuch einer Welpen- und Junghundgruppe ist sehr von Vorteil, damit dieser Draufgänger nicht respektlos allen Artgenossen gegenübertritt. Sein enormes Temperament verlangt Hundesport und viele abwechslungsreiche Spiele, nur dann bleibt er ein angenehmer Familienhund.

Bei konsequenter Führung ist der willensstarke Irish Terrier ein angenehmer Familienhund.

Jack Russell Terrier haben genau wie ihre „großen Brüder", die Parson Russell Terrier, ein großes Bewegungsbedürfnis.

Jack Russell Terrier und Parson Russell Terrier

- Größe: 25–30 cm (Jack Russell)
  31–38 cm (Parson Russell)
- Gewicht: 5–6 kg (Jack Russell)
  Parson Russell etwas mehr
- Fell: kurz, rau oder glatt
- Fellpflege: ★
- Erziehung: ★ ★ ★
- Jagdtrieb: ★ ★ ★ ★
- Bewegung/Beschäftigung: ★ ★ ★
- Schutz- und Wachinstinkt: ★ ★

Der englische Pfarrer Parson John (Jack) Russell, ein begeisterter Fuchsjäger, züchtete für seine Leidenschaft aus Dackel, Corgi, kleinen Beagles und Terriern „seinen" Hund.

Diese spielfreudigen Sportskanonen passen zu sehr aktiven Menschen. Ein gelangweilter Jack oder Parson Russell wird reichlich Unsinn anstellen. Sie lieben das Spiel mit Kindern, doch sind sie dabei manchmal ziemlich ungestüm. Es sind Naturburschen, die einen gut eingezäunten Garten benötigen. Hier schubsen sie auch gern Treibbälle hin und her. Bei guter sportlicher Auslastung entwickeln diese Hunde ein großes Schmusebedürfnis.

Kleiner Münsterländer

- Größe: 50–56 cm
- Gewicht: 17–25 kg
- Fell: mittellang, glatt bis leicht gewellt
- Fellpflege: ★ ★ ★
- Erziehung: ★ ★ ★
- Jagdtrieb: ★ ★ ★ ★
- Bewegung/Beschäftigung: ★ ★ ★ ★
- Schutz- und Wachinstinkt: ★ ★

Die Brüder des Dichters Hermann Löns entdeckten auf Bauernhöfen in Niedersachsen und Westfalen einen guten Vorstehhund, Heidewachtel genannt. Mit Züchtern aus Westfalen gründeten sie mit diesen Hunden die Basis für eine Leistungszucht, aus der der braun-weiße Kleine Münsterländer hervorging.

Dieser sehr aufmerksame und leichtführige Jagdhund mit gutem Sozialverhalten eignet sich auch als Familienhund. Er liebt Wanderungen in der Natur und das Wasser und findet es riesig, Dummys aus dem kühlen Nass zu holen. Als Stadthund ist er nicht geeignet.

Ein „Großer Münsterländer" (schwarz-weiß) gehört hingegen definitiv in Jägerhand.

Kleine Münsterländer sind ausgezeichnete Jagdhunde, die sich bei entsprechender Erziehung und Auslastung aber auch als Familienhunde eignen.

Kromfohrländer

- Größe: 38–46 cm
- Gewicht: 9–16 kg
- Fell: rau und kurz oder glatt und mittellang
- Fellpflege: (kurz) ★ (mittellang) ★ ★
- Erziehung: ★
- Jagdtrieb: ★
- Bewegung/Beschäftigung: ★ ★
- Schutz- und Wachinstinkt: ★ ★

Amerikanischen Soldaten entlief 1945 in Deutschland ein Rüde, der bei Ilse Schleifenbaum in Siegen ein Zuhause fand. An ihrem Häuschen in der Krummen Furche (plattdeutsch: Krom Fohr) verpaarte er sich mit der Nachbarshündin. Erstaunlicherweise kamen sehr einheitlich aussehende Welpen zur Welt, was bei Wurfwiederholungen auch so blieb. Nach zehn Jahren konnte Frau Schleifenbaum ihre Rasse eintragen lassen.

Der Kromfohrländer schließt sich eng seinen Menschen an, lernt gern, ist robust und langlebig und dazu spielfreudig. Bei Fremden verhält er sich distanziert, aber nicht unfreundlich. Richtiges Sozialverhalten gegenüber Artgenossen sollte in einer Welpengruppe trainiert werden.

„Kromis" sind robuste und langlebige Familienhunde.

Der Kuvasz beeindruckt durch seine Größe und Schönheit, braucht aber eine konsequente Erziehung.

Kuvasz

- Größe: 66–76 cm
- Gewicht: 32–52 kg
- Fell: mittellang, wellig
- Fellpflege: ★ ★ ★ ★
- Erziehung: ★ ★ ★ ★ ★
- Jagdtrieb: ★ ★
- Bewegung/Beschäftigung: ★ ★
- Schutz- und Wachinstinkt: ★ ★ ★ ★ ★

Völker aus Asien wanderten vor langer Zeit nach Europa und siedelten sich auch in Ungarn an. Ihre weißen kräftigen Hunde schützten ihre Rinderherden.

Der Kuvasz ist ein sehr eigenwilliger Schutzhund. Wird ihm eine glasklare, ruhige Erziehung zuteil, gehorcht er aus Zuneigung. Harte Erziehung kann gefährliche Folgen haben. Es gibt kaum einen besseren Wächter. Möglich, dass ein Einbrecher ins Haus hineinkommt, doch hinaus kommt er nicht mehr. Dieser Hund braucht unbedingt ein eigenes Revier für Kontrollgänge: viel Platz in den Wohnräumen und einen großen, eingezäunten, für ihn immer zugänglichen Garten. Ich finde, er ist ein beeindruckend schöner Hund, aber nicht unbedingt für Anfänger geeignet.

Labrador Retriever

- Größe: 54–57 cm
- Gewicht: 25–34 kg
- Fell: kurz, glatt, dicht
- Fellpflege: ★
- Erziehung: ★
- Jagdtrieb: ★★
- Bewegung/Beschäftigung: ★★★
- Schutz- und Wachinstinkt: ★

Wasserfreudige Apportierhunde aus Neufundland kamen auf Handelsschiffen nach England und Schottland. Ende des 19. Jahrhunderts brachten Kreuzungen mit einheimischen Hunden den heutigen Labrador hervor.

Sehr unterordnungswillig, spiel- und lernfreudig, will er seinem Führer immer gefallen. Über alles liebt er den Apport, besonders aus dem Wasser. Er schwimmt für sein Leben gern. Trotz seiner Jagdbegabung neigt er nicht zum Streunen und Wildern. Er ist vielseitig einsetzbar: Hundesport, Drogenhund, Rettungswesen, Blindenführhund. Bei fremden Menschen und Hunden bleibt er gutmütig und ausgeglichen.

Labrador Retriever sind vielseitige Partner im Hundesport und bei zahlreichen anderen Aufgaben.

Leonberger sind ausgesprochen wasserfreudig.

Leonberger

- Größe: 65–80 cm
- Gewicht: 45–70 kg
- Fell: mittellang, weich bis derb, sehr dicht
- Fellpflege: ★★★★
- Erziehung: ★
- Jagdtrieb: ★
- Bewegung/Beschäftigung: ★★
- Schutz- und Wachinstinkt: ★★

Bernhardiner, Neufundländer und Pyrenäenberghund gehören zu den Vorfahren. Hieraus entwickelte der Stadtrat Essig aus Leonberg einen sehr sozialen Hund, den er zu Ehren seiner Stadt „Leonberger“ nannte.

Trotz der mächtigen Statur kann er überallhin mitgenommen werden, dank seines mittleren Temperaments und seiner Gutmütigkeit. Er ordnet sich gern unter und ist weder scheu noch aggressiv. Zu anderen Hunden und Tieren ist er genauso freundlich wie zu Menschen. Wie sein Verwandter, der Neufundländer, liebt er besonders das Wasser.

Ein leistungsstarker Jäger mit lebhaftem Temperament: der Magyar Vizsla.

Magyar Vizsla

- Größe: 54–64 cm
- Gewicht: 20–30 kg
- Fell: kurz und glatt oder kurz und drahthaarig (trimmen)
- Fellpflege: (glatt) ★ (drahthaarig) ★ ★
- Erziehung: ★ ★ ★
- Jagdtrieb: ★ ★ ★ ★
- Bewegung/Beschäftigung: ★ ★ ★ ★ ★
- Schutz- und Wachinstinkt: ★ ★ ★ ★

Dieser leistungsstarke Jagdhund stammt von türkischen Vorstehhunden und ungarischen Spürhunden ab. Um das Fell strapazierfähiger zu machen, wurde für den drahthaarigen Typ der Deutsch Drahthaar eingekreuzt.

Sein äußerst lebhaftes Temperament fordert sehr viel Bewegung und Arbeit. Neben sehr langen Spaziergängen in der Natur muss er mit Sport, Fährtenarbeit oder Mantrailing beschäftigt werden. Unterforderung kann ihn scheu oder zu einem Kläffer machen. Wird richtig und ruhig mit ihm gearbeitet, erhält man einen guten Begleiter mit großem Kontaktbedürfnis. Kindern gegenüber verhält er sich oft nicht tolerant, sondern besteht auf fester Hierarchie.

Mops

- Größe: 25–28 cm
- Gewicht: 6,3–8,1 kg
- Fell: kurz, glatt, weich
- Fellpflege: (Falten reinigen) ★ ★
- Erziehung: ★
- Jagdtrieb: ★
- Bewegung/Beschäftigung: ★
- Schutz- und Wachinstinkt: ★

Anhänglich, ruhig und langlebig, war diese Minidogge einer der beliebtesten Hunde der Kaiser von China.

Streitlust kennt der Mops nicht. Er begegnet allen Lebewesen freundlich. Ältere Abbildungen zeigen Möpse mit harmonischer Kopfform, was ihrem Liebreiz nicht schadete. Leider achteten viele Züchter nicht auf die gesunde Ausprägung bei Schnauze und Stop. Es entstand der kurzköpfige und damit kurzatmige Mops, der besonders bei warmen Temperaturen leidet. Die zu runde Kopfform brachte auch hervorstehende, leicht verletzliche Augen mit sich. Damit Sie ungetrübte Freude mit diesem wunderbaren Hund teilen können, rate ich Ihnen, einen Züchter zu wählen, der Abstand von solcher Extremzucht nimmt.

Ein bisschen Nase braucht der Mops, damit er gesund und lang leben kann.

(Foto: Tierfotoagentur.de/Starick)

Ein sanfter Riese: der Neufundländer.

Neufundländer

- Größe: 66–71 cm
- Gewicht: 50–69 kg
- Fell: mittellang, sehr dicht, wasserabweisend
- Fellpflege: ★ ★ ★ ★
- Erziehung: ★
- Jagdtrieb: ★
- Bewegung/Beschäftigung: ★ ★
- Schutz- und Wachinstinkt: ★

Neufundländer fuhren auf Schiffen mit und konnten stundenlang in eisiger See mit gefährlicher Brandung arbeiten.

Dieser sanfte Bär ist freundlich gegenüber Mensch und Tier. Doch bei kleinen Kindern könnten die großen Tatzen blaue Flecken verursachen. Im Wasser ist der Neufundländer in seinem Element. Darf er nicht regelmäßig schwimmen, mindert das seine Lebensfreude. Eine Ausbildung als Wasserrettungshund bietet sich an. Aber Vorsicht – in seinem Eifer „rettet" er auch Schwimmer, die darauf keinen Wert legen! Warme Temperaturen machen ihm zu schaffen. An Aktivitäten außerhalb des Wassers hat er dann keinen Spaß.

Portugiesischer Wasserhund

- Größe: 43–57 cm
- Gewicht: 16–25 kg
- Fell: gekräuselt und kurz (haart nicht) oder gewellt und lang (haart kaum)
- Fellpflege: (kurz) ★ ★ ★ (lang) ★ ★ ★ ★
- Erziehung: ★
- Jagdtrieb: ★
- Bewegung/Beschäftigung: ★ ★
- Schutz- und Wachinstinkt: ★ ★ ★

Die moderne Technik nahm diesen „fischenden" Hunden aus Portugal ihre Arbeit ab. Doch werden sie als Familienhunde immer mehr geschätzt aufgrund ihres guten Gehorsams, ihrer Selbstsicherheit, Spielfreude und Lebhaftigkeit.

Auch heute noch lieben sie das Wasser über alles und apportieren gern Dummys aus dem kühlen Nass. Sie melden Fremde ohne Aggression. Ihre Stimme weist dabei außergewöhnlich viele Klangfarben auf, doch sind sie keine Kläffer. Sie passen sich weitestgehend ihren Menschen an.

Ein Portugiesischer Wasserhund in traditioneller „Löwenschur". Das Freischeren der Hinterhand ermöglicht kraftvollere Schwimmbewegungen, während das Fell am Brustkorb die inneren Organe vor Kälte schützt.

Pudel

- Größe: 25 cm (Toypudel) bis 60 cm (Großpudel)
- Gewicht: 3 kg (Toypudel) bis 25 kg (Großpudel)
- Fell: gelockt, dicht, weich (haart nicht, regelmäßige Schur)
- Fellpflege: ★★★
- Erziehung: ★
- Jagdtrieb: ★ (Großpudel) ★★
- Bewegung/Beschäftigung: ★★★
- Schutz- und Wachinstinkt: ★ (Großpudel) ★★

In Frankreich entstand der Pudel, den es heute in vier Größen (Toy-, Zwerg-, Klein- und Großpudel) und vielen Farben gibt und der bis auf manche Großpudel kaum noch Jagdtrieb aufweist, sich die Wasser- und Apportierfreude aber bewahren konnte. Das altdeutsche Wort „puddeln" bedeutet „im Wasser planschen" und gab dieser Rasse wohl den Namen.

In der Familie präsentiert er sich lebhaft, sehr freundlich, lerneifrig und athletisch. Der beliebte Zirkushund lernt gern zahlreiche Tricks und liebt Hundesport und Spaziergänge ohne Leine. Die Groß- und Kleinpudel laufen ausdauernd beim Joggen und am Rad mit. Die Großen sind auch gute Rettungs- oder Behindertenbegleithunde.

Pudel sind lebhafte und freundliche Familienhunde.

Das Markenzeichen des Rhodesian Ridgebacks ist der gegen die Fellrichtung wachsende Rückenstrich, der „Ridge".

Rhodesian Ridgeback

- Größe: 61–69 cm
- Gewicht: 29–36 kg
- Fell: kurz, glatt
- Fellpflege: ★
- Erziehung: ★★
- Jagdtrieb: ★★★
- Bewegung/Beschäftigung: ★★★
- Schutz- und Wachinstinkt: ★★★★

Aus der ehemaligen britischen Kolonie Rhodesien (heute Simbabwe) stammt dieser Hund, wo er ein sehr schneller Gehilfe bei der Löwenjagd und ein sicherer Wachhund auf den Farmen war.

Am auffälligsten ist sein Rückenstrich, der gegen die Fellrichtung wächst (der Ridge).

Bis dieser Spätentwickler nun vom quirligen Junghund zum ruhigen, erwachsenen Vierbeiner wird, vergehen mindestens zwei, eher drei Jahre. Kinder stehen unter seinem Schutz, doch akzeptiert er keine Kommandos von ihnen. Sonst ist er unterordnungswillig. Fremden gegenüber verhält er sich zurückhaltend.

Er apportiert gern, eignet sich fürs Mantrailing und für die Rettungshundearbeit.

Rottweiler

- Größe: 56–68 cm
- Gewicht: 42–50 kg
- Fell: kurz, glatt
- Fellpflege: ★
- Erziehung: ★★★★
- Jagdtrieb: ★
- Bewegung/Beschäftigung: ★★
- Schutz- und Wachinstinkt: ★★★★★

Die Ahnen des Rottweilers wurden von den Römern auf ihren Wegen über die Alpen in Süddeutschland zurückgelassen. Die Rasse entstand im schwäbischen Rottweil zur Blütezeit des Viehhandels. Die Händler führten am Abend oft hohe Beträge mit sich, die ihre kraftstrotzenden, nervenstarken Hunde an ihren Hälsen transportierten. Kein Bandit wagte sich in ihre Nähe. Für die Metzger trieben Rottweiler die Herden zum Schlachthof. Manche zogen auch Güter in kleinen Karren.

Bei konsequenter Erziehung, familiärer Haltung und artgerechter Auslastung wie Zughundesport und Gehorsamstraining ist der Rottweiler ein ruhiger, führiger Begleiter und Wächter von Familie, Haus und Hof.

Ein nervenstarker Begleiter: der Rottweiler.

Die freundlichen Samojeden scheinen stets ein „Lächeln" im Gesicht zu haben.

Samojede

- Größe: 46–56 cm
- Gewicht: 16–25 kg
- Fell: üppig, lang, abstehend
- Fellpflege: ★★★
- Erziehung: ★★
- Jagdtrieb: ★★
- Bewegung/Beschäftigung: ★★★★
- Schutz- und Wachinstinkt: ★

Durch die sibirische Tundra bis zum Polarmeer zogen die Nenzen, ein samojedisches Volk, früher mit ihren Rentierherden. Ihre spitzartigen Hunde in verschiedenen Farben hüteten und beschützten die Herden, zogen Schlitten und wärmten nachts die Familie. Nur Hunde mit sehr geringem Jagdtrieb kamen zum Einsatz. In Europa und den USA begann die Zucht der weißen Samojeden erst im letzten Jahrhundert.

Dieser nordische Hund ist selbstbewusst, sehr lebhaft, freundlich und anschmiegsam, allerdings auch recht bellfreudig. Er passt zu aktiven Menschen und läuft am liebsten sehr lange Strecken. Er eignet sich auch für den Zughundesport.

Der lange Bart des Schnauzers bedarf regelmäßiger Pflege.

Schnauzer

- Größe: 30 cm (Zwergschnauzer) bis 70 cm (Riesenschnauzer)
- Gewicht: 6 kg (Zwergschnauzer) bis 50 kg (Riesenschnauzer)
- Fell: rau, hart, dicht, drahtig (trimmen)
- Fellpflege: ★★
- Erziehung: ★★★★
- Jagdtrieb: ★
- Bewegung/Beschäftigung: ★★★
- Schutz- und Wachinstinkt: ★★★★★

Schnauzer gibt es in drei Größen (Riesen-, Mittel- und Zwergschnauzer). Bauern und Viehhändler im bayrischen Oberland hielten sie als Bewacher und zur Rattenbekämpfung. In München begleiteten Riesenschnauzer Brauereikutschen.

Alle drei Schnauzerarten sind robust mit wetterresistentem Fell. Wird es vom Fachmann regelmäßig gepflegt, macht es zu Hause kaum Arbeit.

Ihre Autarkie und das Misstrauen gegen Fremde erfordern eine sehr konsequente Führung. Schnauzer nehmen erfolgreich an Unterordnungswettbewerben teil und glänzen auch in anderen Hundesportarten. Die Großen laufen ausdauernd am Rad oder am Pferd. Es gilt: je kleiner, desto temperamentvoller und bellfreudiger.

Shetland Sheepdog

- Größe: um 35–37 cm
- Gewicht: etwa 8 kg
- Fell: üppig, dicht, lang, glatt
- Fellpflege: ★★★★
- Erziehung: ★
- Jagdtrieb: ★★
- Bewegung/Beschäftigung: ★★★★
- Schutz- und Wachinstinkt: ★★★

Auf den Shetlandinseln vor Schottland fällt alles etwas kleiner aus – Ponys, Schafe und auch die dortigen Hunde, die nicht nur Schafe hüteten, sondern sie zudem von den Gärten fernhielten.

Anpassungsfähig, munter, freundlich, sehr lernwillig und anhänglich begrüßen ihn heute viele Menschen gern als Familienmitglied. Mit anderen Hunden und Haustieren kommt er gut zurecht. Wird er nicht ausreichend beschäftigt, kann er allerdings zum Kläffer werden. Er beweist sich vorzüglich auf Agility-Wettbewerben und beim Dogdancing.

Klein, aber oho! Trotz ihrer geringen Größe sind Shelties ausgesprochen sportlich.

Die eigensinnigen Shiba Inus wurden in Japan für die Jagd auf Kleinwild und Vögel gezüchtet.

Shiba Inu

· Größe: 36–40 cm
· Gewicht: 9–14 kg
· Fell: kurz, hart
· Fellpflege: ★
· Erziehung: ★★★★
· Jagdtrieb: ★★★★
· Bewegung/Beschäftigung: ★★★★
· Schutz- und Wachinstinkt: ★★★

In Japan entstand der Shiba Inu (kleiner Hund) durch Kreuzungen uralter asiatischer Rassen als Jagdhund für kleines Wild und Vögel.

Er hält sich katzenähnlich sauber. Regelmäßiges Alleinsein verträgt dieser sehr eigensinnige Hund nicht. Die Folge ist dann oft Verweigerung des Gehorsams! Ist der ständige Kontakt zum Besitzer da und es wird viel gespielt, entwickelt er sich zu einem ruhigen, anhänglichen Hund. Sehr wendig, schnell und agil braucht er sehr lange, flotte Spaziergänge und Wanderungen an der langen Leine. Fremden gegenüber verhält er sich reserviert. Andere Hunde mag er nicht so gern und ist für Hundesport oft nicht geeignet, aber mit Intelligenzspielen kann man ihn gewinnen.

Siberian Husky

· Größe: 50,5–60 cm
· Gewicht: 15–28 kg
· Fell: dick, kurz, weich, wasserabweisend
· Fellpflege: ★★
· Erziehung: ★★
· Jagdtrieb: ★★★★★
· Bewegung/Beschäftigung: ★★★★★
· Schutz- und Wachinstinkt: ★

Pelzhändler aus Sibirien brachten den äußerst freundlichen Husky mit nach Nordamerika.

Mühelos läuft er bei kalten und eisigen Temperaturen auch durch hohen Schnee. Das starke Herz-Kreislauf-System verleiht ihm Ausdauer. Sein unbedingter Laufwille verlangt täglich lange Strecken neben dem Rad, wegen des ausgeprägten Jagdtriebs an locker durchhängender Leine, oder Sie lassen ihn mit anderen Huskys Schlitten oder Wagen ziehen. Ein Zusammenleben mit Rassegefährten käme ihm sehr entgegen.

Huskys leben am liebsten im Rudel.

Tibet Terrier

· Größe: 35–41 cm
· Gewicht: 8–14 kg
· Fell: üppig, fein, lang, glatt oder gewellt
· Fellpflege: ★★★★★
· Erziehung: ★★
· Jagdtrieb: ★
· Bewegung/Beschäftigung: ★★★★
· Schutz- und Wachinstinkt: ★★★★

„Terrier" ist hier irreführend, da es sich um einen Wach- und Hütehund handelt, der keine Terriereigenarten besitzt. In Tibet heißt er „Tibet Apso" (Apso = reich behaart). Mit seiner Zähigkeit und seinem Geschick zum Springen und Klettern war er geschaffen für die unwegsamen Gebiete im tibetischen Hochland.

Seine Pfoten sind einmalig in der Hundewelt: besonders breit und flach.

Er ist sehr spielfreudig und lernwillig, und trotz seines Temperaments passt er sich gut an viele Lebenssituationen an. Als aufmerksamer Wachhund begegnet er Fremden reserviert, aber ohne Aggression. Artgenossen steht er freundlich gegenüber.

Tibet Terrier sind Hütehunde, die zudem einen recht ausgeprägten Wachinstinkt haben.

(Foto: Tierfotoagentur.de/Richter)

Weimaraner sollten in erfahrene Hände, die mit ihrem ausgeprägten Jagdtrieb umgehen können.

Weimaraner

· Größe: 57–70 cm
· Gewicht: 25–40 kg
· Fell: kurz, glatt oder mittellang, glatt
· Fellpflege: ★(★)
· Erziehung: ★★★★★
· Jagdtrieb: ★★★★★
· Bewegung/Beschäftigung: ★★★★★
· Schutz- und Wachinstinkt: ★★★★★

Um einen Allrounder für die Jagd zu schaffen, vermischte man in Deutschland die Gene von spezialisierten Jagdhunden. Seit über hundert Jahren wird diese Rasse auf Leistung gezüchtet, um ihre hohe jagdliche Qualität zu erhalten.

Mit seinem beträchtlichen Arbeitsdurst gehört dieser Hund eher in erfahrene Jägerhände als „nur" in eine Familie. Wird er richtig trainiert und darf täglich arbeiten, entwickelt er sich zu einem führigen, sehr anhänglichen Jagdbegleiter. Die Arbeit mit ihm muss mit gegenseitigem Respekt erfolgen, sonst kann es zur Arbeitsverweigerung kommen. Sein ausgeprägter Schutztrieb bringt Anfängern oft ernste Probleme.

Weißer Schweizer Schäferhund

- Größe: 55–66 cm
- Gewicht: 25–40 kg
- Fell: Stockhaar, dicht, mittellang oder lang
- Fellpflege: ★ ★(★ ★)
- Erziehung: ★ ★
- Jagdtrieb: ★ ★
- Bewegung/Beschäftigung: ★ ★ ★ ★
- Schutz- und Wachinstinkt: ★ ★ ★ ★

In den 30er-Jahren galt in Deutschland das weiße Fell bei Deutschen Schäferhunden als Fehlfarbe. In den USA und in Kanada war diese Farbe jedoch beliebt. Agatha Burch importierte 1970 weiße Schäferhunde und baute die Zucht in der Schweiz auf. Seit 2003 erkennt die FCI diese Rasse an. Die Züchter achten sehr auf Wesensfestigkeit.

Die weißen Schweizer gelten als ausgeglichen, gutartig, nervenstark und lernfreudig.

Diese Hunde sind gute Begleiter, auch beim Hundesport, Mantrailing oder bei der Ausbildung zum Rettungs- oder Lawinenhund, und integrieren sich leicht ins Familienrudel.

Die weiße Variante des Deutschen Schäferhunds wurde 2003 unter dem Namen Weißer Schweizer Schäferhund als eigene Rasse anerkannt.

Die kleinen Corgis sind mutige Treibhunde.

Welsh Corgi Cardigan und Pembroke

- Größe: um 30 cm (Pembroke etwas kleiner)
- Gewicht: 12–14 kg
- Fell: kurz oder mittellang, hart, dicht
- Fellpflege: ★
- Erziehung: ★
- Jagdtrieb: ★ ★
- Bewegung/Beschäftigung: ★ ★
- Schutz- und Wachinstinkt: ★ ★

Mit den Wikingern kamen Hunde aus Schweden nach Wales, wo sie mit niederläufigen (niedrig = corgi) Arbeitshunden gekreuzt wurden. So entstanden in den walisischen Grafschaften Cardiganshire und Pembrokeshire diese beiden Rassen.

Einst trieben sie Ponys und Vieh, auch über Berge und weite Strecken. Sie sind also keine Sofahunde! Munter, wendig und flott sind sie auch für allerlei Hundesport geeignet. Zu ihren Menschen entwickeln sie eine sehr enge Beziehung, lernen leicht und verstehen sich gut mit Artgenossen. Sie passen sich jeder Wohnsituation gut an. Einige Pembrokes werden mit Stummelrute (Bob) geboren.

Die niedlichen Westies sind keinesfalls Schoßhunde. Sie besitzen eine terriertypische Willensstärke, mit der man richtig umgehen muss.

West Highland White Terrier

- Größe: etwa 28 cm
- Gewicht: 7–10 kg
- Fell: rau, mittellang (trimmen)
- Fellpflege: ★★
- Erziehung: ★★
- Jagdtrieb: ★★★
- Bewegung/Beschäftigung: ★★
- Schutz- und Wachinstinkt: ★★

Im schottischen Hochland züchtete man bevorzugt weiße Terrier, da sie sich leichter vom Wild unterscheiden ließen und daher weniger Gefahr liefen, versehentlich erschossen zu werden.

An das schottische sehr raue Klima angepasst, kommt der Westie auch in der Winterzeit gut zurecht. Dieser furchtlose Baujäger ist sehr aktiv und keinesfalls ein Schoßhund. Den Dickkopf der Terrier besitzt auch er, und er braucht trotz aller Niedlichkeit eine konsequente Führung. Empfindliche Nachbarn könnte seine Bellfreude stören.

Whippet

- Größe: 44–51 cm
- Gewicht: 12–13 kg
- Fell: kurz, glatt
- Fellpflege: ★
- Erziehung: ★★
- Jagdtrieb: ★★★★
- Bewegung/Beschäftigung: ★★★★
- Schutz- und Wachinstinkt: ★

Englische Arbeiter wollten dem Wettvergnügen frönen, und weil sie sich Pferde nicht leisten konnten, züchteten sie dafür einen kleinen Windhund. So entstand der Whippet als „Rennpferd des kleinen Mannes". Eine Besonderheit ist seine große Farbenvielfalt – jede Farbe kann vorkommen.

Der Whippet ist sowohl eine widerstandsfähige und elegante Sportskanone als auch ein anhänglicher, verschmuster und verträglicher Begleiter. Weite Spaziergänge, ohne rennen zu dürfen, sind ihm zu langweilig. Er liebt die Rennbahn und die der Hasenjagd nachempfundenen Coursings. Regen mag er gar nicht, doch selbst wenn er einmal nass wird, riecht er nicht nach Hund, weil er nur wenige Fettdrüsen besitzt.

Die pfeilschnellen Whippets galten einst als die „Rennpferde des kleinen Mannes".

Wolfsspitze sind unkomplizierte und sehr wachsame Hausgenossen.

Wolfsspitz

- Größe: 43–55 cm
- Gewicht: 16–25 kg
- Fell: üppig, lang, abstehend
- Fellpflege: ★ ★ ★
- Erziehung: ★ ★
- Jagdtrieb: ★
- Bewegung/Beschäftigung: ★
- Schutz- und Wachinstinkt: ★ ★ ★ ★

Auf Wikingerschiffen reisten nordische, spitzartige Hunde mit und verteilten sich in Europa. Aus ihnen entwickelte sich der Wolfsspitz.

Für einen Wolfsspitz ist es das höchste Glück, immer nah bei seiner Familie zu sein. Er bewacht Haus, Hof und Familie und akzeptiert auch problemlos weitere Hunde und andere Haustiere als Rudelmitglieder. Am liebsten liegt er Wache in der offenen Haustür. Besucher müssen ihm „vorgestellt" werden, sonst lässt er sie nicht ins Haus. Streunen und Wildern liegen ihm nicht. Fremde Hunde auf Spaziergängen ignoriert er meistens. Er ist beeindruckend unkompliziert. Was seiner Familie gefällt, gefällt auch ihm.

Yorkshire Terrier

- Größe: etwa 23 cm
- Gewicht: etwa 3 kg
- Fell: lang, dünn, seidig
- Fellpflege: ★ ★ ★ ★ ★
- Erziehung: ★ ★
- Jagdtrieb: ★ ★
- Bewegung/Beschäftigung: ★ ★
- Schutz- und Wachinstinkt: ★ ★

Aus kleinen Terriern und dem Malteser entstand in der englischen Grafschaft Yorkshire dieser quirlige Hund. Damals allerdings wog er noch 2 bis 3 Kilo mehr. Mit extremer Zwergzucht sind gesundheitliche Probleme verbunden. Nehmen Sie also besser den größten Yorkie, den Sie bekommen können. Achten Sie auch auf die Größe der Elterntiere.

Bei gutem Training rennt dieser Kleine sogar auf weiten Wanderungen begeistert mit. Der Terrier-Dickkopf und die Bellfreude erfordern Geduld und Konsequenz. Immer zu Spaß und Spiel aufgelegt, will er viel rennen und toben.

Ein Yorkie verliert keine Haare und kennt keinen Haarwechsel, doch wird das dünne Haar brüchig, wenn es nicht täglich gepflegt wird.

Der quirlige Yorkie macht auch im Agility-Parcours eine gute Figur.

Airedale Terrier

Australian Cattle Dog

Australien Shepherd

Basenji

Beagle

Bearded Collie

Berner Sennenhund

Bichon Frisé

Bobtail

Border Collie

Border Terrier

Briard

Cairn Terrier

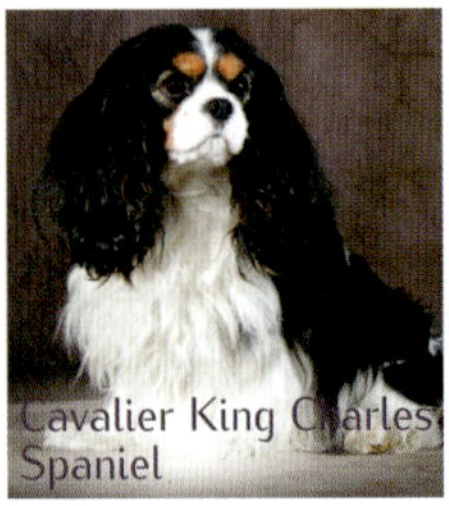
Cavalier King Charles Spaniel

Chow Chow

Collie

Dackel

Dalmatiner

Deutsche Dogge

Deutscher Boxer

Deutscher Schäferhund

Deutscher Spitz

Dobermann

Elo©

English Cocker Spaniel

Entlebucher Sennenhund

Foxterrier

Französische Bulldogge

Golden Retriever

Gordon Setter

Havaneser

Hovawart

Irish Setter

Irish Terrier

Jack Russel Terrier
Parson Russel Terrier

Kleiner Münsterländer

Kromfohrländer

Kuvasz

Labrador Retriever

Leonberger

Magyar Vizsla

Mops

Neufundländer

Portugiesischer Wasserhund

Pudel

Rhodesian Ridgeback

Rottweiler

Samojede

Schnauzer

Shetland Sheepdog

Shiba Inu

Sibirian Husky

Tibet Terrier

Weimaraner

Weißer Schweizer Schäferhund

Welsh Corgi Cardigan und Pembroke

West Highland White Terrier

Whippet

Wolfsspitz

Yorkshire Terrier

Vielleicht wartet Ihr Hund ja schon
im örtlichen Tierheim auf Sie.

Wo und wie finde ich meinen Hund?

Ihre Entscheidung für einen Welpen, einen jungen oder erwachsenen Hund ist gefallen. Nun stehen Sie vor mehreren Möglichkeiten, wo und wie Sie Ihren Favoriten finden können.

Ein **Waisenhund** aus dem **Tierheim**

Leider werden Hunde zu oft lieblos ausgesetzt oder direkt ins Tierheim abgeschoben. Die Angestellten dort sind meist heillos überfordert. Sie erhalten nicht annähernd den Lohn, der ihnen gebühren würde, und arbeiten häufig zu viele Stunden. Dabei bleibt, sosehr sie sich auch bemühen, nicht selten das einzelne Tier auf der Strecke. Beim Betreten des Geländes schlagen Ihnen oft fiepende bis teils hysterisch bellende Stimmen entgegen. Unendlich traurige Augen saugen sich an Ihnen fest. Sie möchten am liebsten alle Hunde erlösen. Rascher als geplant entscheiden Sie sich für einen besonders niedergeschlagen wirkenden Fall ... Das kann arg danebengehen! Auch hier müssen Sie schauen, ob einer der Insassen wirklich gut zu Ihnen und Ihrer Familie passt.

Besonders wenn Sie Hundeanfänger sind, wäre es daher von Vorteil, einen hundeerfahrenen Menschen anzusprechen, der Sie begleitet und berät. Profihundetrainer, die täglich vollberuflich mit Hunden zu tun haben, stehen auch für diesen Fall zur Verfügung. Zusätzlich kann Ihnen der Tierpfleger Informationen über einzelne Hunde geben, über ihre Vergangenheit, über Gewohnheiten, Macken und Führigkeit. Kommt der Hund mit Artgenossen klar? Fährt er problemlos im Auto mit? Wie verhält er sich Männern, Frauen und Kindern gegenüber? Aufgrund schlechter Erfahrungen kann es ja sein, dass er zum Beispiel in der Nähe eines Mannes ungeheure Angst empfindet und es ihm inzwischen unmöglich geworden ist, damit fertig zu werden. Das kann die Eingliederung in die Familie enorm erschweren.

Ist ein Hund in der engeren Wahl, lernen Sie ihn besser kennen, wenn Sie mit ihm vor der endgültigen Entscheidung spazieren gehen. Zeigt er sich scheu, aggressiv oder unbändig? Können Sie ihn problemlos anfassen? Ihr beratender Begleiter wird einschätzen können, welches Verhalten mit gutem Training umgelenkt werden kann.

Klären Sie mit dem Tierheimleiter auch die Gesundheit des Hundes ab.

Zuletzt muss der Funke hundertprozentig überspringen. Sie müssen das Gefühl haben: „Dich kann ich lieben, wir passen zusammen. Ich werde dich adoptieren und ein Hundeleben lang für dich sorgen.“

Not„felle“ aus dem Ausland

Viele tierliebe, selbstlose Menschen setzen sich für ausgesetzte und misshandelte Hunde, vor allem aus Süd- und Osteuropa, ein. Sie alle sind mit Herzblut bei der Sache, arbeiten fast rund um die Uhr und retten tagtäglich Hunde aus sogenannten Tötungsstationen. Sie versorgen diese geschundenen Tierkörper und -seelen, geben ihnen zumindest teilweise Vertrauen und Freude zurück und versuchen, passende Plätze in einem liebevollen Zuhause zu finden. Die sehr hohen anfallenden Kosten für Flüge, Fütterung, Kastrationen, Sterilisationen, Chippen, Tierklinikaufenthalte, Impfungen, Wurmkuren, Parasitenbekämpfung und vieles mehr finanzieren sich durchweg aus Spenden, Mitgliedsbeiträgen und Schutzgebühren. Nur nach Vorkontrolle des neuen Zuhauses und ausführlichen Gesprächen geben diese Menschen einen ihrer Schützlinge an die neuen Hundeeltern ab.

Die Tierschutzorganisationen TASSO, Europäischer Tier- und Naturschutz sowie Bund gegen Missbrauch der Tiere bieten im Internet Informationen über Hunderetter und ihre Schützlinge an. Geben Sie bei Google „Tiernothilfe“ ein, erscheinen viele Seiten, auf denen Sie die Not„felle" ansehen und die Berichte zu jedem einzelnen Tier lesen können. Achten Sie bitte auf das Prüfzeichen des Tierschutzbundes: „Geprüfte Organisation/Wir arbeiten nach Tierschutzgesetz § 11". Denn es gibt leider auch andere Aufnahmestationen:

Ein Beispiel sind die grausamen Hundelager in Italien, die Canili. Sie werden von Privatmenschen betrieben, die hier auf dem Rücken der armen Tiere die „schnelle Mark" machen. Der Staat zahlt für jeden aufgenommenen Hund pro Tag bis zu 8 Euro (TASSO, „Der Tiernotruf", Ausgabe Winter 2010). In manchen Canili „leben" bis zu 2000 Hunde. Sie können sich leicht vorstellen, wie die Kasse klingelt und unter welchen erbärmlichen Bedingungen die Hunde dort eng zusammengepfercht leben müssen. Bei circa einer halben Million Canili-Hunde könnte der Staat mit der enormen Summe etwas Besseres für die Tiere tun, denke ich.

Möchten Sie einem dieser Not„felle" ein Wohlfühlzuhause schenken, denken Sie bitte daran, dass es unbedingt eine endgültige Entscheidung sein muss. Diese Tiere sind psychisch nicht mehr so robust, dass sie einen weiteren Tiefschlag verkraften würden.

Bevor man einem Auslandsnot„fell" die helfende Hand reicht, sollte man sich über die möglichen Konsequenzen im Klaren sein.

Erwachsener Rassehund erwünscht

Zeitungsanzeigen, wie zum Beispiel „Zweijähriger Schnauzer umständehalber abzugeben“ finden Sie jede Woche mehrmals. Ob Sie bei einem Telefonat immer die wahren Gründe für die Abgabe erfahren, kann man anzweifeln. Durch falsche Haltung, zu wenig Zeit oder schlechte Vorbereitung der Kinder auf den Hund kann einiges schiefgehen. Diese Dinge werden die Besitzer ungern vor Ihnen ausbreiten. Sie wollen möglichst schnell von ihrer Last befreit werden. Natürlich gibt es auch Besitzer, die Ihnen ehrlich erzählen, wie die Lage ist. Scheidungen, Krankheiten oder ein Sterbefall lassen eine weitere Hundehaltung oft nicht mehr zu. Wenn diese Gründe wirklich vorliegen, erhalten Sie häufig einen gut erzogenen Hund aus liebevoller Haltung.

Rufen Sie bei den Welpenvermittlungen der Rassehundeklubs an, erfahren Sie auch, ob ein erwachsener Hund ein neues Zuhause sucht. Entweder befindet der Hund sich noch in seinem Zuhause oder bereits wieder beim Züchter, der ihn mit Sorgfalt neu vermittelt.

Wird die Hundefamilie zu groß, geben manche Züchter auch erwachsene Tiere ab.

Nehmen Sie sich bei Ihrem Besuch Zeit für folgende Fragen:

- Wechselt der Hund zum ersten Mal sein Zuhause?
- Wann und wie lange fanden seine Spaziergänge statt? Angeleint?
- Zieht er an der Leine?
- Läuft er neben dem Fahrrad?
- Fährt er problemlos im Auto mit?
- Welche Kommandos und Handzeichen kennt er und wie befolgt er sie?
- Wie lief sein bisheriges Training ab?
- Wurde mit ihm Hundesport gemacht?
- Auf welche Art von Belohnung reagiert er am besten?
- Lernte er im Haus Tabuzonen kennen (zum Beispiel die Couch, ein bestimmter Sessel, das Badezimmer, die Küche, das Kinderzimmer)?
- Was und wie wird mit ihm gespielt?
- Wie sieht sein Platz für die Nacht aus und wo liegt er tagsüber gern?
- Ist oder war er in tierärztlicher Behandlung?
- Braucht er Medikamente?
- Wann war die letzte Wurmkur? Welches Mittel in welchen Intervallen?
- Zu welchen Uhrzeiten bekam er welches Futter und wie viel?
- Wie reagiert er bei Fellpflege, Krallenschneiden und Ohrenreinigen?

- Wie benimmt er sich Fremden, Kindern, Hunden und anderen Tieren gegenüber?
- Schreckt er vor Geräuschen, Dingen oder Menschen zurück?
- Besitzt er schlechte Gewohnheiten? Wenn ja, wie wurde damit umgegangen?
- Bellt er häufig?
- Wie benimmt er sich in Hotels und Restaurants?
- Kann ich Leinen, Näpfe, Spielsachen, Liegeplätze und anderes Zubehör übernehmen?

Mit den Antworten erhalten Sie ein gutes Bild und können dem Hund die Eingewöhnung erleichtern. Bei der Abholung sollten Sie auch an die Aushändigung von Ahnentafel und Impfpass denken. Einige Tage wird der Hund brauchen, um den Verlust seiner Familie zu bewältigen. Aber schon bald wird er sein neues Leben annehmen und Sie können ihn nach und nach an Ihren Tagesablauf gewöhnen. Zunächst erhalten Sie ihm aber so viel Normalität wie möglich. Dazu gehört auch, seinen Namen nicht zu ändern. Ihnen gefällt „Krümel" nicht? Aber Krümel ist nun mal sein Name, auf den er bislang beim Spiel, Training und Kuscheln positiv reagierte. Bleiben Sie bei diesem Namen, dann wird es ihm leichter fallen, sich bei Ihnen wohlzufühlen. Akzeptieren Sie ihn von A bis Z und es wird für beide Seiten schöner.

Ein Welpe aus gutem Hause

Was zeichnet einen verantwortungsvollen Züchter aus? Das schon mal nicht: Entdecken Sie einen großen Hof mit Zwingern, gefüllt mit verschiedenen Hunderassen, sind Sie bei einem Händler gelandet. Er verdient mit der Vermehrung seinen Lebensunterhalt und lässt so viele Welpen wie möglich auf die Welt kommen. Die Qualität und Strapazierfähigkeit der Hündinnen spielt nur eine untergeordnete Rolle. Seine Kalkulation gestaltet sich kostengünstig. Womöglich wird hier an Wurmkuren, Impfungen, Parasitenbekämpfung und/oder tierärztlichen Untersuchungen gespart. Welpenspielflächen? Fehlanzeige! Auf gute Sozialisation der Kleinen und auf ihre Vorbereitung auf ein Leben in ihren Menschenfamilien legt hier wahrscheinlich niemand großen Wert. Natürlich blüht das Schnäppchengeschäft. So mancher Mensch bereute den Kauf bei einem Händler spätestens beim Blick auf nachfolgende Tierarztrechnungen.

Ein engagierter Züchter hingegen macht durch die Lektüre von Fachbüchern, Seminarbesuche und Besuche bei erfahrenen Züchtern eine Art „Lehre" durch, die in seriösen Vereinen mit einer Züchterprüfung endet. Er konzentriert sich bei der Zucht nur auf eine Rasse, ist Mitglied in einem entsprechenden Rassezuchtverein und informiert sich, wie gesunde Verpaarungen geplant werden. Er scheut dann auch nicht oft enorm weite Wege zum geeigneten Deckrüden für seine Hündin. Vor Zuchtbeginn beschäftigt er sich ausführlich mit Genetik, Qualität der Zuchthunde, möglichen Krankheiten der Rasse und deren Bekämpfung und sorgt für das geeignete Umfeld, damit erwachsene Hunde und Welpen gedeihen. Zucht ist eine Liebhaberei, die erfüllt, aber sicher kein Weg zum dicken Portemonnaie. Ein Züchter denkt in erster Linie daran, mitzuhelfen, die Rasse zu verbessern und voranzubringen. Hündinnen werden nicht bei jeder Hitze

Welpenaufzucht ist anstrengend. Seriose Züchter muten das ihrer Hündin nicht zu oft zu.

gedeckt und werfen höchstens drei- bis sechsmal (je nach Rasse) im Leben. Die Welpenkäuferbetreuung ein Hundeleben lang ist eine Selbstverständlichkeit. Zweifellos ist hier der Kaufpreis für einen Welpen oft doppelt so hoch wie beim Händler. Nicht nur die Nachfrage bestimmt den Preis, sondern auch die Leistung und Qualität. Führt ein Züchter mit Sorgfalt und Liebe seinen „Zwinger", kann er sich auch bei einem Welpenpreis von 1000 Euro keine goldene Nase verdienen. Es ist ihm auch nicht so wichtig, denn seine Ambitionen sind anders gelagert und in manchem Jahr zeigt die Buchführung am Jahresende Verluste.

Adressen und Telefonnummern von Welpenvermittlungen der Rassehundeklubs finden Sie im Internet und in den Hundezeitschriften. Von den Klubs, die die von Ihnen gewünschte Rasse betreuen, erhalten Sie eine Züchterliste. Hier sind alle Züchter aufgeführt, die zurzeit einen Wurf haben oder in Kürze einen erwarten. Zunächst werden Sie die nächstgelegenen Adressen in Betracht ziehen. Mehrere Besuche vor und während der Welpenzeit liegen Ihnen und dem Züchter am Herzen und es macht wenig Spaß, ständig von Hamburg nach München zu reisen. Nicht jede Rasse ist in allen Regionen vertreten.

Falls gerade keine nahe Adresse auf der Liste steht, fordern Sie bei der Welpenvermittlung eine komplette Züchterliste an. Es kann sein, dass in Ihrer Nähe Züchter Ihrer Wunschrasse leben, bei denen aber momentan kein Wurf liegt oder erwartet wird. Sie können sich bei ihnen nach der

Wie aktiv ein Welpe ist, hängt nicht nur von seinem Wesen, sondern auch von seiner Tagesform ab. Das sollte man bei der Auswahl bedenken.

Wurfplanung erkundigen und sich für den nächsten Wurf auf die Interessentenliste setzen lassen. Stellen Sie sich auf ausführliche Fragen ein. Der Züchter möchte umfassend darüber unterrichtet sein, in welche Hände er einen seiner Welpen gibt. Beim ersten Besuch schauen Sie sich bei ihm um, stellen all Ihre Fragen, erleben die Hunde der Familie und entscheiden, ob Sie sich gut aufgehoben fühlen. Allein das Etikett VDH (Verband für das Deutsche Hundewesen, der größte Dachverband für Hundezucht in Deutschland) bürgt nicht, wie häufig angenommen, für ungetrübtes Welpenglück. Schwarze Schafe finden überall ein Betätigungsfeld. Umgekehrt gibt es auch in Vereinen außerhalb des VDH zahlreiche Züchter mit Herz und Verstand. Verlassen Sie sich also auf Ihr eigenes Urteil.

Falls der Züchter der Meinung ist, Sie wären für diese Rasse ungeeignet, überdenken Sie bitte seine Einwände. In aller Regel weiß er, wovon er spricht. Seien Sie froh, wenn er Sie vor einem Fehler bewahrt. Bestimmt gibt es auch für Sie einen anderen Traumhund.

Wer gehört zu mir?

Ist die Entscheidung für einen Züchter gefallen, können Sie es sicher kaum erwarten, den gesamten Wurf im Alter von etwa fünf oder sechs Wochen zu erleben. Meist werden die Welpen in diesem Alter von ihren neuen Besitzern ausgesucht.

Vielleicht spricht Sie nun der kräftigste Rüde besonders an? Doch der liegt in einer Ecke des Welpenauslaufs und schläft. Alle anderen laufen hingegen lebhaft auf Sie zu. Ihre nun wahrscheinlich aufkommenden Bedenken, Ihr Traumwelpe besäße kein Temperament, können aber falsch sein. Vielleicht tobte er vor Ihrem Besuch wie eine Granate und ist nun völlig erledigt. Lassen Sie sich und ihm ein bisschen Zeit. An Gesprächsstoff zwischen Ihnen und dem Züchter wird es nicht mangeln und schnell ist eine Stunde vorbei. Wieder beim Wurf angekommen, stellen Sie nun fest, dass Ihr kleiner Held im Gegensatz zu den Geschwistern ausgeschlafen und sehr lebhaft ist.

Der Züchter wird Ihnen natürlich mitteilen, welcher der Kleinen ruhiger oder agiler, neugieriger oder verhaltener ist. Beziehen Sie seine Meinung in Ihre Entscheidung mit ein, hören Sie aber auch auf Ihr Bauchgefühl. Beobachten Sie die Kleinen einige Zeit lang: Gefallen werden sie Ihnen alle, aber ein Gesichtchen lässt Ihr Herz doch vielleicht ein bisschen höherschlagen.

Drum prüfe, wer sich bindet

Am Abholtag haben Sie nur noch Augen für Ihren Welpen und der Kaufvertrag wird nebenbei unterschrieben. Lassen Sie sich also besser schon einige Wochen vorher ein entsprechendes Formular aushändigen. In Ruhe können Sie zu Hause Zeile für Zeile durchgehen und strittige Punkte mit dem Züchter im Vorfeld klären. Achten Sie auf Klauseln wie Zuchtmiete, Verpflichtung zu Ausstellungsbesuchen, Kaufpreis und eventuell Minderung des Kaufpreises.

Wenn Zuchthunde wie normale Familienhunde leben dürfen, kann ein Züchter nicht jede vielversprechende Hündin aus dem Nachwuchs behalten. Also wird er mit dem zukünftigen Besitzer die Zuchtmiete vereinbaren, sodass er mit dieser Hündin einen Wurf ziehen darf. Das bedeutet allerdings, dass die Hündin die Zeit der Trächtigkeit und Welpenaufzucht bei ihm verbringt. Leben Sie sehr nah bei Ihrem Züchter und Ihre Hündin ist mit ihm durch regelmäßigen Kontakt vertraut, ist diese Vereinbarung sicher kein Problem. Doch wenn Sie während der Trächtigkeit, Geburt und Aufzuchtzeit nicht mit Ihrer Hündin zusammen sein können, bedeutet es eine Trennung von bis zu 19 Wochen. Ich halte dies gerade in dieser für die Hündin so anstrengenden Phase, in der sie zudem besonders anhänglich ist, für problematisch.

Trotz allem „Hundeglück" sollten Sie am Abholtag die wichtigen Papiere nicht vergessen.

Erwischen Sie einen besonderen Prachtburschen aus dem Wurf, wird der Züchter ihn gern auf Ausstellungen sehen. Nur dort haben alle Züchter die Möglichkeit, sehr viele Hunde ihrer Rasse an einem Tag zu beurteilen. Die großen Ausstellungen finden in deutschen Städten, aber auch im Ausland statt. Ob Sie hier ein neues Hobby für sich entdecken werden und sich schon bei der Abholung dafür entscheiden wollen, sollten Sie sich vor der Unterschrift gut überlegen. Ist im Vertrag geregelt, ob Sie allein für die Meldegebühren, Anfahrts- und Hotelkosten aufkommen müssen? Oder werden die Kosten sowie eventuelle spätere Einnahmen aus Deckgebühren aufgeteilt?

Was ist im Kaufpreis enthalten und was muss außerdem bezahlt werden? Die Ahnentafel, der Impfpass und der Wurfabnahmebericht gehören zum Welpen und sollten nicht zusätzlich berechnet werden.

Im Wurfabnahmebericht trägt der Zuchtwart oder Tierarzt hinter allen Welpennamen ein, ob ein Fehler gefunden wurde oder nicht. Besprechen Sie mit dem Züchter die Minderung des Kaufpreises, falls bei Ihrem Welpen etwas vorliegen sollte. Es kann sich um einfache Zahnfehlstellungen handeln, die nach dem Zahnwechsel verschwunden sind. Aber es kann auch sein, dass sie gravierender werden und eine längere Behandlung oder sogar eine OP notwendig wird. Operationen können auf Ihren Hund auch zukommen, wenn er von Entropium (Einstülpung des Lidrandes), Ektropium (Auswärtsdrehung des unteren Lidrandes, offenes Auge), Nabel- oder Leistenbruch oder nicht abgestiegenen Hoden betroffen ist. Wird eine Kostenbeteiligung vereinbart?

Schauen Sie sich auch die Ahnentafel genau an. Finden Sie hier gleichlautende Ahnennamen, erkennen Sie daran, dass es sich um Inzucht handelt. Einige Züchter werden Ihnen nun erklären, dass sie wertvolle Linienzucht betreiben. Das ist aber nur ein geschönter Begriff für Inzucht. Es ist unmöglich, durch Inzucht ausschließlich positive Merkmale zu festigen. In gleichem Maße kann das mit negativen geschehen. Bei Linienzucht spielt das Prinzip Hoffnung eine große Rolle. Im Wurf können also Welpen liegen, die einen Erbfehler tragen, der aber erst beim erwachsenen Hund sichtbar wird. Nicht der Züchter, sondern der Hund und Sie müssen dann mit dem Problem fertig werden. Zu den Folgen von Inzucht zählen auch Anfälligkeit für Krankheiten, Vitalitätsverlust, Verminderung der Fruchtbarkeit, Verkürzung der Lebenszeit und einiges mehr. Die Vielfältigkeit der Gene geht verloren und damit auch die Vielfältigkeit der Enzyme. Enzyme steuern aber den Stoffwechsel. Fehlt ein Enzym, kann die darauf basierende Stoffwechselreaktion nicht ablaufen. Ein Lebewesen ist aber nur imstande, allen Umwelteinflüssen zu trotzen, wenn alle Stoffwechselreaktionen reibungslos funktionieren.

Außerdem stehen die HD-Werte unter den Namen der Ahnen und Sie können kontrollieren, ob Eltern und Großeltern des Welpen belastet waren oder ob überall „HD-frei" vermerkt ist.

Schön oder bedauernswert?

Leider wird in einigen Rassestandards festgelegt, dass Anomalien erwünscht sind, die allerdings häufig Probleme verursachen: Offene Augen begünstigen eine ständige Reizung der Bindehaut; bei extremer Faltenbildung können sich leicht Ekzeme bilden; zu schwere Hunde leiden unter Gelenkproblemen und eingeschränkter Beweglichkeit; brachycephale Rassen, bei denen der Oberkiefer und damit der gesamte Kopf extrem verkürzt sind, können schlecht kauen und atmen.

Solche vermeintlichen Schönheitsideale können einen echten Tierfreund wohl kaum ansprechen.

Schicke Farben?

Bei der Fellfarbe Blau handelt es sich um eine Pigmentmangelerscheinung. Das normale Schwarz wird aufgehellt und schimmert dadurch bläulich. Bereits im Jugendalter kann es bei Hunden mit dieser Farbe zu Ekzemen, chronischer Dermatitis oder Hautverdickung kommen. Demodexmilben fällt die Ausbreitung auf solch geschwächter Haut leichter.

Auch bei der Merle-Färbung (Tigerscheckung) handelt es sich um einen Pigmentmangel, basierend auf einem Gendefekt (Merle-Faktor). Kommen bei solchen Züchtungen ausgeprägte „Weißlinge" zur Welt, leiden sie unter starken Störungen der Sinnesorgane und meist verkürzt sich die Lebenszeit extrem. Sind es „nur" regionale Aufhellungen, die eine Scheckung hervorbringen, verändern sich die Sinnesorgane nicht so umfangreich, aber auch hier kann es zu Sehstörungen, Lichtempfindlichkeit, Taubheit und Fruchtbarkeitsstörungen kommen.

Bei kurznasigen Rassen wie dem Mops ist es wichtig, darauf zu achten, dass dieses „Schönheitsideal" nicht in extremer Form gegeben ist.

Bis sich diese vertraute Zweisamkeit einstellt, wird nach dem Einzug des neuen Gefährten noch einige Zeit vergehen.

Einzug in ein neues Leben

Geduld, Liebe und reichlich Zeit und Verständnis sind erforderlich, um den erwachsenen Hund oder Welpen artgerecht zu integrieren. Für einen optimalen Start finden Sie hier bewährte Ratschläge.

Der **leiderprobte** Ausländer

Fiel Ihre Entscheidung auf einen Hund aus dem Auslandstierschutz, befindet er sich oft schon in einem deutschen Tierheim oder in einer deutschen Pflegestelle. Sie besuchten ihn und klärten mit der Vermittlungsstelle alle Fragen. Steht der Einzugstermin, wird Ihnen der Vierbeiner zusammen mit einem Attest von einem Tierarzt in Deutschland entweder nach Hause gebracht oder Sie holen ihn gemeinsam mit einer zweiten Person ab. Der Hund ist noch sehr unsicher und braucht auf der Fahrt zu Ihnen nach Hause jemanden neben sich, der ihm mit leisen Worten Ruhe vermittelt. Bisher wurde er nicht gerade mit Liebe verwöhnt, sondern musste ums Überleben kämpfen. Er wird es zu schätzen wissen, endlich gute Menschen um sich zu haben.

Besorgen Sie für ihn ein Brustgeschirr, aber bitte kein Erziehungsgeschirr, das Schmerzen unter den Achseln bereitet, sondern ein Suchgeschirr, das die Halswirbel nicht berührt. Manche dieser Hunde sind mit Schlingen um den Hals misshandelt worden. Sie ängstigen sich deshalb vor Halsbändern.

Für die Eingewöhnung nehmen Sie sich nun ein paar Wochen lang sehr viel Zeit. Besuche und Betriebsamkeit können warten, bis der Hund Vertrauen aufgebaut hat und sauber ist. Viele dieser Not„felle“ kennen weder das Leben in einer Wohnung noch die dafür notwendige Stubenreinheit. Doch gelingt es bei erwachsenen Hunden oft in kurzer Zeit, dass die Geschäfte draußen erledigt werden. Weiteres über die Sauberkeitserziehung und andere Erziehungstipps lesen Sie im nächsten Abschnitt über den Einzug eines Welpen. Das Vorgehen lässt sich auf den erwachsenen, noch unsauberen Hund übertragen.

Lassen Sie den Hund anfangs nicht allein. Trennungsphasen verkraftet er erst, wenn er durch und durch Vertrauen gefasst hat. Ist dies geschafft, gehen Sie zunächst nur vor die Haustür, schließen sie kurz und gehen dann bald wieder hinein, noch bevor Angstbellen aufkommt. Öffnen Sie die Haustür unbedingt nur, wenn Ihr Hund ruhig ist. Er soll nicht lernen: „Wenn ich belle, kommt Herrchen/Frauchen sofort zu mir.“ Drinnen wird gleich gelobt und gespielt. So können die Trennungsphasen nach und nach verlängert werden.

Erziehung kennen diese Hunde in der Regel noch nicht, sie werden aber bald registrieren, dass sie nun einen geeigneten Rudelchef haben, mit dem die Zusammenarbeit Kurzweil und Sicherheit bedeutet. Nach und nach können Sie immer mehr mit Ihrem neuen Familienmitglied unternehmen, mal in der Stadt, mal in Wald und Feld, mal mit Freunden und anderen Hunden. Sie werden in absehbarer Zeit zufrieden feststellen, dass Ihr Adoptivhund treu und anhänglich Ihr Leben teilt.

Ein **Welpe** kommt ins Haus

Auch zur Abholung des Welpen fahren Sie am besten zu zweit zum Züchter. Sie nehmen Ihren Welpen auf den Schoß und kümmern sich mit Kraulen und Ansprache um ihn. Erst nach der Eingewöhnung im neuen Zuhause ist der Kleine im Auto am besten in einem Käfig aufgehoben. Oft gibt der Züchter dem Welpen ein Schnuffeltuch mit, das nach der Hundemutter und den Geschwistern riecht. Legen Sie sich eine wasserdichte Unterlage auf den Schoß, darüber eine Hunde-Polyesterdecke, und betten Sie ihn samt Schnuffeltuch darauf. Wird er während der Fahrt unruhig, halten Sie möglichst bald an und bringen ihn angeleint auf eine Wiese. Auch wenn ein Welpe sich noch nicht weit von Ihnen entfernt, könnte er erschrecken und auf die nahe Straße laufen. Er erlebt heute einen

Mit seinen spitzen Zähnchen wird der Welpe anfangs alles erkunden wollen. Achten Sie darauf, dass nichts Gefährliches dabei ist.

anstrengenden Tag, alles ist neu für ihn, und deshalb ist eine Leine sicherer. Für alle Welpen halte ich ein Suchgeschirr für sinnvoller als ein Halsband. Noch sind sie nicht leinenführig und ziehen. Der Hals ist eine sehr empfindliche Körperpartie. Stetiger Druck auf den Kehlkopf kann zu Schmerzen in der Wirbelsäule und zu Kopfweh führen.

Vor dem Betreten der Wohnung laufen Sie auch noch einmal kurz über eine Wiese, damit sich der Welpe lösen kann. Zumindest eine kleine Grünfläche muss sich in unmittelbarer Nähe Ihres Hauses/Ihrer Wohnung befinden, damit die Sauberkeitserziehung gelingt.

Besitzen Sie einen eingezäunten Garten, ziehen Sie Ihrem Welpen dort das Brustgeschirr aus und lassen ihn zunächst jede Ecke erkunden. „Angezogen" wird der Hund nur zu Spaziergängen, sonst wird sein Fell geschädigt. Apropos Garten: Klären Sie frühzeitig mit einem Tierarzt oder sachkundigen Gärtner, welche Pflanzen im Garten giftig für den Hund sind. Wertvolle Hinweise finden Sie auch unter www.vetpharm.unizh.ch/giftdb/giftf.htm. Gefährliche Pflanzen umzäunen Sie, bis der Hund erwachsen ist. In der Regel frisst er dann nicht mehr daran.

Laden Sie in den ersten drei Tagen keine Freunde zur Begrüßung des Kleinen ein. Er muss sich erst im neuen Umfeld zurechtfinden und Sie kennenlernen.

Ein Welpe ist in den ersten Monaten mit einem nie endenden Forschertrieb ausgestattet. Alles wird untersucht, möglichst mit den Zähnen. Schützen Sie daher freiliegende Kabel mit bissfesten Kabelschächten. Offene Treppen sichern Sie am besten mit einem Babygitter. So bewahren Sie den kleinen Kerl vor einem gefährlichen Sturz, schlimmstenfalls bis in den Keller. Dinge, an denen Ihr Herz besonders hängt, wie gute Bücher, teure Teppiche, Brillen oder teure Markenschuhe, verwahren Sie anfangs sicher vor den spitzen Milchzähnen. Gefährliche Dinge wie Putzmittel, Medikamente, Zigaretten, Schaumgummi, Nylonstrümpfe, scharfkantige Gegenstände und kleine Teile, die der Welpe verschlucken kann, schaffen Sie außer Reichweite. Erst nach und nach lernt der Welpe, Tabus zu respektieren. Bis dahin ist es für Mensch und Hund schöner, wenn sich Ermahnungen in Grenzen halten.

Zerrspiele dürfen erst nach dem Zahnwechsel, nach dem siebten Monat, gespielt werden, sonst leidet das Gebiss. Für Hunde mit ausgeprägtem Schutztrieb sind solche „Kampfspiele“ nicht zu empfehlen. Ziehen Sie ein Seil lieber kreuz und quer über den Boden hinter sich her und lassen Sie es den Welpen fangen. Der Kleine wird begeistert die „Jagd“ aufnehmen. Wichtig dabei ist, dass Sie nicht zerren, sondern ihm nun spielerisch „Aus“ beibringen. Am schnellsten schaffen Sie das über den Tausch mit einem Leckerchen, begleitet durch das Kommando „Aus“. Bald begreift der Hund: „Das Spiel geht nur weiter, wenn ich loslasse.“

Führen Sie Ihren Welpen und Junghund zu immer neuen Eindrücken, um sein Selbstbewusstsein zu festigen. Gehen Sie mit ihm mal durchs Wasser an einem Seeufer, an Kuh- und Pferdeweiden entlang, über Waldwege, durch die Stadt,

Wasser sollte der Welpe möglichst früh kennenlernen.

Nur wenn Sie Ihren Welpen „in flagranti" erwischen, dürfen Sie ihn auch tadeln.

über einen Bahnsteig und durch Fußgängertunnel. Ab und zu wird er bei unbekannten Eindrücken zusammenzucken. In diesem Moment ist es ungeheuer wichtig, dass Sie ihn weder tröstend ansprechen noch sonst wie reagieren. Signalisieren Sie ihm völlige Gelassenheit, dann registriert er: „Frauchen/Herrchen regt sich nicht auf. Es droht keine Gefahr."

Stubenreinheit

Ständiges Beobachten des Welpen bringt schnellen Erfolg. Schließen Sie die Türen benachbarter Räume, um seinen Radius möglichst klein zu halten. Beginnt er, unruhig zu werden, und schnüffelt auf dem Boden hektisch umher, sucht er nach einem Platz für sein Geschäft. Sofort nehmen Sie ihn hoch und tragen ihn auf die Wiese. Winzige Leckerchen haben Sie immer bei sich. Die Zeit reicht nicht aus, um sie erst zu holen. Während er sich löst, bleiben Sie beobachtend stehen. Genau in dem Augenblick, in dem der Welpe sich wieder aufrichtet, loben Sie ihn begeistert und geben ihm ein Leckerchen. Kommt Ihr Lob erst, wenn er auf Sie zuläuft, würde er es mit dem Herankommen verbinden, aber nicht mit dem Lösen.

Ist die Pfütze schon ein paar Minuten im Zimmer, schimpfen Sie bitte nicht. Es ist bereits zu spät und der Welpe weiß nicht, wofür er getadelt wird. Er erkennt an Ihrer Gemütsverfassung, dass Sie mürrisch sind, sieht aber keinen Zusammenhang mit seinem „See". Um Sie wieder freundlich zu stimmen, wird er Demutshaltung zeigen. Bleiben Sie gelassen! Bringen Sie ihn kurz in ein anderes Zimmer, bevor sie putzen. Würden Sie die Stelle in seiner Gegenwart reinigen, sähe das für ihn so aus: „Frauchen interessiert sich sehr für meine Pfütze, also muss ich öfter hierhinmachen.“

Anders reagieren Sie, wenn Sie sehen, dass er sich zum Geschäft im Zimmer niederlässt. In diesem Fall greifen Sie ohne Zögern mitten ins Geschehen ein, heben ihn hoch und bringen ihn postwendend nach draußen. Pingeligkeit ist in dem Fall unangebracht. Diese Unterbrechung, verbunden mit einem barschen „Nein“, empfinden alle Hunde als sehr unangenehm. Draußen müssen Sie nun vielleicht etwas länger warten, bis er sein Geschäft fortsetzt. Doch die Zeit zu opfern lohnt sich. Nach dem Lösen erhält Ihr Hund wieder Lob und Leckerli und lernt so, dass es drinnen unangenehm, jedoch draußen enorm vorteilhaft für ihn ist.

Legen Sie bitte kein Zeitungspapier als Löseplatz in der Wohnung aus und bieten Sie auch kein Katzenklo an. Das funktioniert nicht. Von Anfang an muss Ihr Hund lernen: „In die Wohnung machen ist tabu.“

In der Nacht ist der Welpe am besten vor Ihrem Bett in einem Klappkäfig aufgehoben. Bestückt mit gemütlichen Polyesterfellen plus Schnuffeltuch wird er sich bald daran gewöhnen. Tagsüber steht sein Käfig mit immer offener Tür im Wohnzimmer. Er dient ihm als Rückzugsplatz, an dem er nicht gestört werden sollte, auch nicht von den Kindern. Von hier aus kann er inmitten seines Rudels alles beobachten und empfindet den Käfig nicht als Gefängnis.

Bevor Sie Ihr Bett aufsuchen, geht es noch mal nach draußen zum Lösen. Danach bringen Sie den Welpen in seinen nun bereits vertrauten „Bettkäfig“ und schließen die Käfigtür. Der Welpe wird sich nachts mit Fiepen melden, wenn er muss. Ich schlief in dieser Phase im Jogginganzug. So konnte ich meinen Welpen sofort beim ersten Fiepen hochnehmen und nach draußen tragen. Die Sauberkeitserziehung nachts war auf diese Weise nach wenigen Tagen gelungen. Welpen schlafen sehr schnell durch, wenn sie die beruhigenden Atemgeräusche ihres Rudels hören.

Liebevolle Konsequenz im Alltag

Übungen sind kein Diskussionsthema zwischen Mensch und Hund. Ein Kommando oder Handzeichen muss beim ersten Mal befolgt werden. Bei Wiederholungen nimmt der Hund Sie nicht ernst, was für beide Seiten unerträglich werden kann. Mit einem kleinen Radaubruder kann der eine oder andere Mensch zwar leben, doch streben Hunde von Natur aus nach geordneten Strukturen. Auch aus Sicht eines kleinen Hundes ist es ein unbefriedigender Zustand, ohne Führung leben zu müssen.

Hier einige Anregungen für Dinge, die Sie beachten sollten, damit Ihr Hund Sie schätzt:

- Alles geht von Ihnen aus, nie vom Hund. Läuft der kleine Racker mit einem Spielzeug freudig wedelnd auf Sie zu, ignorieren Sie dieses Verhalten. Erst wenn Ihr Hund sich wieder abwendet, holen Sie ein Spielzeug Ihrer Wahl und ermuntern ihn zum gemeinsamen Spiel. Sie beginnen und beenden jedes Spiel und Training.

- Liegt Ihr Hund bequem in Ihrem Fernsehsessel, setzen Sie sich nicht woandershin. Weisen Sie ihn konsequent an, den Platz sofort zu verlassen.

- Rennen Sie nie hinter Ihrem Vierbeiner her! Sie büßen sofort Respekt ein. Klaut der junge Hund Ihnen die Brieftasche vom Tisch und rennt damit in den Garten, halten Sie sich zurück, auch wenn es schwerfällt. Lenken Sie Ihren Hund stattdessen ab, zum Beispiel, indem Sie mit einer Papiertüte knistern oder sich mit seinem Lieblingsball beschäftigen. Ihr Hund wird die Brieftasche vergessen und neugierig zu Ihnen kommen. Nun spielen Sie einen Moment mit ihm und heben ganz nebenbei die Brieftasche auf.

- Beim Aufbruch zum Spaziergang öffnen Sie die Tür und gehen vor Ihrem Hund nach draußen. Dann erst fordern Sie ihn zum Mitgehen

Gemeinsames Spiel sollte immer vom Menschen ausgehen.

auf. Daraufhin muss er neben Ihnen bleiben, bis Sie ihn mit dem Kommando „Lauf" wieder entlassen.

- Schaffen Sie Tabuzonen. Es ist gleichgültig, welchen Raum Sie dafür auswählen. Beharren Sie darauf, dass der Hund auch bei geöffneter Tür dieses Zimmer nicht betritt. Sie unterstreichen damit in beachtlichem Maß Ihre Führungsposition.

Kindergarten und Schule

Allgemein wird gerechnet, dass jedes Hundejahr etwa sieben Menschenjahren entspricht, was man aber so pauschal eigentlich nicht sagen kann. Ein Hund macht im ersten Lebensjahr eine Entwicklung durch, die mit 15 Menschenjahren vergleichbar ist. Hunderassen altern zudem unterschiedlich schnell. Der Wissenschaftler Dr. Hellmuth Wachtel sagt dazu: „Interessant ist die Umrechnung von

In der Hundeschule kann unter fachkundiger Anleitung das richtige Verhalten in Alltagssituationen geübt werden.

physiologischen Hundejahren in Menschenjahre bei verschiedenen Rassen. Einem Hundealter von zehn Jahren würden demnach, in Menschenjahren ausgedrückt, beim Kleinpudel 53,4, bei der Deutschen Dogge aber 76,3 und beim Schnauzer 58,6 Jahre entsprechen."

Tägliche Erziehung ist ab der zehnten/elften Lebenswoche dringend notwendig. Hat Ihr Welpe sich nun zwei Wochen lang wunderbar bei Ihnen eingelebt, ist er reif für die Welpengruppe. Nur aus Büchern oder von DVDs zu lernen, halte ich für schwierig. Besser und mit mehr Spaß gelingen Erziehungsübungen in professionellen Hundeschulen. Machen Sie sich rechtzeitig auf die Suche nach der geeigneten Hundeschule und informieren Sie sich über Kurstermine. Die Berufsbezeichnung „Hundetrainer" ist aber nicht geschützt. Jeder, der sich berufen fühlt, kann sich das Schild „Hundeschule" an die Tür hängen. Ich habe einige schlechte Erfahrungen für meine Hunde und meinen Geldbeutel gemacht und möchte Sie davor bewahren.

Gehen Sie zu Schulen mit Trainern, die eine fundierte Ausbildung mit einem seriösen Abschluss gemacht haben. Diese Hundeschulen sind natürlich teurer, aber dort wird kompetenter theoretischer und praktischer Unterricht geboten, und es wird Wert auf Freude bei der Arbeit, für Mensch und Hund, gelegt.

Sollten Sie auf Trainer treffen, die Ihren Hund zuerst ohne Ihr Mitwirken ein paar Wochen „vortrainieren" wollen, lehnen Sie das unbedingt ab und suchen Sie sich eine bessere Hundeschule. Besitzer und Hund müssen gemeinsam Schritt für Schritt lernen, wie die Zusammenarbeit erfolgreich gelingt.

Fragen Sie, mit welchen Methoden zur Korrektur gearbeitet wird. Bei der Erwähnung von Stachelhalsband, Elektroreizgeräten oder anderen Gewaltmitteln nehmen Sie lieber Abstand. Motivation und Lob bringen Erfolg.

Werden Kurse zu jeder Jahreszeit angeboten? Kommt ein Welpe im November zu Ihnen, kann aber erst im Frühjahr in den Kurs, ist die wichtigste Lernphase vorbei.

Wird auch außerhalb des Platzes trainiert, damit kein „Platzgehorsam“ (Gehorsam nur auf dem Platz) entsteht?

Nicht überall werden Sie das Glück haben, eine gut geführte Hundeschule zu finden. Viele Institutionen bieten aber ausgezeichnete Urlaubskurse an. Hier erwartet Sie ein Rundum-Angebot: praktisches und theoretisches Lernen über den Tag verteilt, erholsame Freizeit mit Ihrem Hund fernab von Hausarbeit und Alltag und schöne Spielstunden mit Artgenossen für Ihren Vierbeiner.

Delikatessen für den Hund?

Der stets um Futter bettelnde Blick Ihres Lieblings verführt leicht zur Gabe von speziellen Leckereien. Das kann zu ungesundem Übergewicht führen mit teils schlimmen Folgen: Gelenkschmerzen, Herz- und Kreislaufprobleme, letztendlich Verkürzung der Lebenszeit. Die Wärme im Sommer wird schlechter vertragen, weil das Wasserreservoir im Körper sinkt und dafür mehr Fett eingelagert wird.

Einige Nahrungsmittel, die Menschen gut bekommen, führen bei Hunden zu Krankheit oder sogar Tod. Nachfolgend einige „Genüsse“, die nie in den Hundemagen gehören:

➲ **Rohes Eiweiß:** Es führt zu Verdauungsschwierigkeiten und vernichtet wertvolles Biotin (Vitamin H).

➲ **Bohnen:** Sie sind in rohem Zustand giftig, gekocht und zerdrückt verträglich.

➲ **Weintrauben, Rosinen:** Schon 11,6 Gramm Trauben pro Kilogramm Körpergewicht können zu einer Vergiftung führen. Rosinen enthalten Giftstoffe in konzentrierter Form und sind noch gefährlicher. Symptome: Bauchschmerzen, Erbrechen, Durchfall, Magenkrämpfe, Lethargie, Nierenversagen. Das gilt auch für Traubenkernöl.

➲ **Milch:** Den meisten Hunden fehlt das Enzym Laktase. Sie können den Milchzucker nicht abbauen und bekommen Durchfall. Quark, Hüttenkäse und Buttermilch bereiten durch die zuvor vergorene Laktose keine Probleme.

➲ **Zwiebeln, Knoblauch:** Große oder regelmäßige kleine Gaben zerstören rote Blutkörperchen. Symptome: Durchfall, Erbrechen, blasse Schleimhäute, rasender Herzschlag.

➲ **Nüsse:** Sie lösen Anämie (Blutarmut) aus. Symptome: blasse Schleimhäute, Müdigkeit, Schwäche, Atem- und Kreislaufbeschwerden.

➲ **Avocado:** Der giftige Stoff Persin ist enthalten. Das Herz wird stark geschädigt, Atemnot und Bauchwassersucht können hinzukommen.

➲ **Obstkerne:** Wenn der Hund sie zerbeißt, kommt er mit Blausäure in Kontakt.
Symptome: starkes Speicheln, Durchfall, Erbrechen, Fieber und Krämpfe bis zum Tod.

➲ **Rohes Schweinefleisch:** Es kann das Aujeszky-Virus enthalten. Für Menschen ist es ungefährlich, für Hunde tödlich.

➲ **Schokolade:** Der Inhaltsstoff Theobromin ist für Hunde ab einer bestimmten Dosis tödlich. Je mehr Kakao enthalten ist, desto gefährlicher ist Schokolade. Symptome: Durchfall, Erbrechen, Zittern, Lähmungen, Krämpfe bis zum Tod.

➲ **Roher Fisch, Muscheln:** Das Enzym Thiaminase zerstört beim Hund das Vitamin B1. Gekochter, grätenfreier Fisch ist harmlos.

➲ **Gewürze:** Speisen mit Chili, Pfeffer, Paprika und anderen scharfen Gewürzen greifen den Hundemagen an. Oft gesellen sich Hautekzeme dazu. Das gilt auch für geräucherte Speisen.

Dem Familienzuwachs steht nun nichts mehr im Weg. Jeder in der Familie freut sich auf „noch ein bisschen mehr Leben“ und wird sich gern mit dem adoptierten Hund beschäftigen.

Ich wünsche Ihnen alles Glück der Erde für die besonnen geplante Verwirklichung Ihres Hundewunsches!

Bei guter Vorbereitung kann der Traum vom Familienglück mit Hund schon bald Wirklichkeit werden.

Anhang

Interessante Adressen im Internet

- **Hundeakademie Perdita Lübbe**
  www.hundeakademie.de
- **Petra Führmann/Hundeschulen**
  www.ig-hundeschulen.de
- **Internationaler Berufsverband der Hundetrainer**
  www.ibh-hundeschulen.de
- **Tasso e. V.**
  Haustierzentralregister
  www.tasso.net
  www.shelta.net
- **Deutscher Tierschutzbund e. V.**
  www.tierschutzbund.de
- **SOS Tiere und Natur e. V.**
  www.tiernothilfe.net
- **Tiervermittlung Prinzessin von Hohenzollern**
  www.prinzessinvonhohenzollern.de/tiervermittlung.htm
- **VDH Verband für das Deutsche Hundewesen**
  www.vdh.de
- **Deutscher Volkssportverband e. V.**
  www.dvv-wandern.de
- **Informationen über Hundehaarallergien**
  www.tierhaarallergie-therapie.de
- **Urlaub mit Hund**
  www.urlaub-mit-hund.de
  www.e-domizil.de
  www.casamundo.de

Quellen

- **www.zughunde.de**
- **www.wikipedia.de**
- **Internetseiten der Rassehundeklubs**

Fleig, Dieter, Dr.:
Quo vadis canis?
Nerdlen: Kynos, 2000

Gebhard, Heiko/Haucke, Gert:
Die Sache mit dem Hund
München: Heyne, 1999

Schleger, Walter/Stur, Irene:
Hundezüchtung in Theorie und Praxis
Wien: Pichler, 1990

Tandler, Michael (Hrsg.):
Bracken im jagdlichen Einsatz
Melsungen: Neumann Neudamm, 2000

Wachtel, Hellmuth:
Hundezucht 2000
Nerdlen: Kynos, 1997

Wilcox, Bonnie/Walkowicz, Chris:
Kynos Atlas Hunderassen der Welt
6. Aufl., Nerdlen: Kynos, 2008

Empfehlenswerte Bücher

Burow, Inka/Nardelli, Denise:
Dogdance
Schwarzenbek: Cadmos, 2011

Dietze, Gabi:
Go! Zughundesport
Schwarzenbek: Cadmos, 2009

Hallgren, Anders:
Mentales Training für Hunde
Schwarzenbek: Cadmos, 2003

Laser, Birgit:
Obedience
Schwarzenbek: Cadmos, 2006

Lehari, Gabriele, Dr.:
Hundeverhalten
Schwarzenbek: Cadmos, 2007

Meermann, Silke:
Handbuch Hundekrankheiten
Schwarzenbek: Cadmos, 2007

Neika, Daniela/Eckenbach-Arndt, Manuela:
Erste Hilfe am Hund
Schwarzenbek: Cadmos, 2001

Rauth-Widmann, Brigitte:
Wenn Hunde kochen könnten
Schwarzenbek: Cadmos, 2005

Röder, Nicole:
Du gehörst zu mir
Schwarzenbek: Cadmos, 2010

Sondermann, Christina:
Das große Spielebuch für Hunde
Schwarzenbek: Cadmos, 2005

Thiele, Sabine:
Mensch, versteh mich doch!
Schwarzenbek: Cadmos, 2010

Wandel, Axel:
Sport mit Hunden
Schwarzenbek: Cadmos, 2000

Zaitz, Manuela:
Trickschule für Hunde
Schwarzenbek: Cadmos, 2005

DANKE

Ohne die Hilfe geduldiger und mit rassetypischen Verhaltensweisen vertrauter Menschen wäre dieses Buch nie entstanden. Herzlich bedanke ich mich dafür bei unserer Tochter Verena, bei den Züchtern und befreundeten Hundebesitzern, die mir liebevoll ihre Hunde schilderten, und den Trainern, die mir von ihren Erfahrungen berichteten.

Meiner Lektorin Maren Müller danke ich für ihre zuverlässige Unterstützung.

Und nicht zuletzt bleibt die innige Erinnerung an alle Schnüffler, die Teile meines Lebens mit ihrer bedingungslosen Liebe bereichert haben: Alpha, Arri, Asta, Sally, Tracy, Atlanta, Icon, India, Genesis und Becky.

Nicht im Rassequerschnitt aufgeführte Rassen und Typen